情 報 量

―― 情報理論への招待 ――

博士(工学) 山本 宙【著】

コロナ社

まえがき

　本書は情報理論におけるおもに情報量に関連する内容について大学の学部低学年を対象に100分の授業14回程度で学習できる内容を選択し，構成したものである．

　大学で学ぶべき内容として，最新の技術を取り上げることは当然であるが，情報理論のような基礎学問の重要さもまた大きくなっている．若い学習者は最新の技術に興味をもち，それに必要なものだけを学習したいと考える傾向があるが，個別の最新技術に特化しすぎた学習を行っていると技術の進歩があまりに速いために後にその知識が役に立たなくなる危険性がある．情報理論などの基礎理論は古い結果であるにもかかわらず，その知識はいまも変わらず利用され続けている．技術がどの方向に発展してゆくかわからないとき，自分で新しいものを考えなければならなくなったときに拠り所となるのは普遍的で基礎的な学問である．情報理論のような基礎学問は，ただちになにかの役に立つ，というよりはいろんな使い道があるのでまずは学習しておく，という専門教養というべき科目である．専門教養的な科目は進歩の速い分野でこそ重要なのである．

　情報理論は情報を扱う分野の代表的な専門教養科目である．教科書もすでに多く出版されており，名著といわれる本も多い．それにもかかわらず本書を執筆したのは短い時間で完結する授業が要求されるようになった最近の環境の変化によるものである．かつては情報理論の授業は十分に時間を掛けて学習する科目として設定されていることが多く，既存の名著はこのような授業スタイルの時代に適したものであった．近年，学生の科目選択の自由度を高める目的で，週1コマ，半年間という最小限の期間で完結する授業が求められるようになった．既存の教科書で扱う範囲は広く深く，とてもこのコンパクトな授業スタイルではカバーできない．

まえがき

　専門教養を有意義に学ぶため，本書では定理の説明では結果と使用法を説明するだけでなく，証明の内容を厳密に，かつわかりやすく説明することに重きをおいた。短い授業時間でこれに対応するためには扱う内容の大胆な取捨選択が必要である。本書でかけた大きな制限としては以下のものがある。

- 情報源符号化定理をおもなテーマとし，通信路符号化定理は扱わない。
- 情報源を記憶のない情報源に限定する。
- 通信路の符号アルファベットを 2 元に限定する。

　なお，本文は確率過程や微分積分に関する基本的な数学の知識があれば理解できるように記述した。

　情報理論には情報源符号化定理と通信路符号化定理と呼ばれる二つの重要な定理がある。情報理論の教科書は両方を扱うことが一般的であるが，本書は情報源符号化定理のみを平易に説明することに特化した教科書として執筆した。扱うトピックは一意に復号可能な符号と瞬時に復号可能な符号，符号語長とクラフトの不等式，平均符号語長，コンパクト符号，ハフマンの符号化，シャノンの情報源符号化定理，エントロピーなどである。結果として情報量の概念を理解することを目的とする内容となったため，書名を"情報量 —— 情報理論への招待 ——"とした。本書で情報理論に興味をもった学生は参考文献で示した本格的な情報理論の教科書を手に取り，本書でおいた制限を取り払った一般的な理論を学習してほしい。本書がその助けになることを期待している。

　最後に，情報理論の授業を履修してくれた学生諸君に深く感謝する。挿入されている図や例は普段の授業でのやり取りで培われたものである。「無料版」と称した本書の β 版の誤りも多数発見してくれた。これらは「有料版（本書）」の完成度の向上に大いに貢献している。また，本書の刊行の機会を与えてくださり，構成について助言をいただいたコロナ社の皆様に心から感謝する。

2019 年 1 月

山 本　宙

目 次

序章 情報理論とは

1. 問題はなにか

1.1 起きた事柄と伝える手段 …………………………………… 4
1.2 通信用の文字に変換 ── 符号化 ── ………………………… 6
1.3 通信コストを下げるために ── 通信に必要な符号語長 ── …… 8
章末問題 …………………………………………………………… 11

2. 符号の種類

2.1 天気と通信をモデル化 ── 情報源と符号 ── ………………… 12
2.2 必ず元に戻せる符号 ── 一意に復号可能 ── ………………… 15
2.3 遅延なく復号できる符号 ── 瞬時に復号可能 ── …………… 20
章末問題 …………………………………………………………… 25

3. 符号語長の制約

3.1 符号語長に課せられる制限 ── クラフトの不等式 ── ……… 26
3.2 瞬時に復号可能な符号が存在するための十分条件 …………… 34
3.3 一意に復号可能であるための必要条件 ………………………… 37

章末問題·· 42

4. 平均符号語長とハフマンの符号化

4.1 「最適」な符号——平均符号語長とコンパクト符号—— ············ 43
4.2 瞬時に復号可能なコンパクト符号を得るハフマンの符号化········ 46
4.3 ハフマンの符号化の結果がコンパクト符号であることの証明······· 51
章末問題·· 60

5. エントロピーと情報量

5.1 平均符号語長の下界とエントロピー ································· 61
5.2 平均符号語長の下界を達成できる条件 ······························ 68
5.3 まとめて符号化して通信効率を改善——情報源の拡大—— ········ 70
5.4 拡大情報源の平均符号語長の下界 ··································· 75
5.5 特定の符号化についての平均符号語長の上界 ······················ 77
5.6 情報源符号化定理 ·· 80
5.7 情 報 量 ·· 81
章末問題·· 84

付録A 数学の準備

A.1 式の書き方の約束事 ··· 86
A.2 入力から出力への対応——写像—— ································ 87
A.3 生起確率が与えられた場合の平均値——期待値—— ·············· 89
A.4 これだけは知っておいてほしい，必要条件，十分条件と証明······· 91
A.5 指数，対数の考え方 ··· 95

A.5.1	よく使う指数の公式	95
A.5.2	対数の定義	96
A.5.3	よく使う対数の公式と証明	96

付録 B　情報量の尺度が対数関数に限られる理由

B.1	情報の量の尺度に求められる性質	99
B.2	情報量の定義	100

引用・参考文献	104
章末問題解答	105
索引	111

Coffee Break ☕

話は短いほうがいい	2
大盛り一丁！	10
電話番号は瞬時に復号可能	23
一周回って一気に証明	33
鳩の巣原理	41
理論と現実	58
現実との対応	81
通信路が100%信用できないときは？	83
人はなぜくじを買う	91
定義はどうやって決める	94

本書の使い方

- 本書では定義，定理，命題，補題，系，条件，図，表には章ごとに独立した通し番号を付している．
    - **定義**は用語の意味を厳密に示したものである．同じ用語に文書によって異なる定義が与えられていることがあるので注意してほしい．
    - **定理**，**命題**，**補題**，**系**はいずれも定義から論理的に証明された事柄をいう．主要な結果として強調したいものを定理，定理というほどではないものを命題，定理や命題を証明するために証明されるものを補題，それらから直接導き出せるものを系と呼んでいるが区分は厳密なものではない．証明の終わりに □ を付した．
    - **条件**は状況によって真にも偽にもなり得る事柄をいう．
- 説明をわかりやすくするために例，例題，章末問題を記述した．これらも章ごとに独立した通し番号を付している．
    - 抽象的な定義や証明の一部を理解しやすくするために**例**として具体例を挿入した．
    - **例題**は理解を助けるために本文中に挿入される問題である．解答を直後に記述し，解答の終わりに ◇ を付した．
    - より理解を深めるために各章章末にその章で学習したことを総合的に使って解く**章末問題**を配置した．問題が小問に分かれている場合は順番に解くことで自然に全体が解けるように配慮した．解答は章末にまとめて記述した．
- 重要な用語は太字にし，巻末の索引に主要な説明のあるページ番号を記した．一部の用語には英語での表記を付した．

- 数学を学習する機会が少なかった学習者を対象に，指数，対数や和の式の書き方の慣習と，写像，期待値，必要条件，十分条件と証明方法に関する解説，さらに，よく用いられる指数と対数の公式の解説を付録 A に記した。必要に応じて参照してほしい。

本書で用いる変数と関数

記号	意味
a	符号の符号語長の最大値
$H(S)$	情報源 S のエントロピー
$I(s_i)$	情報源シンボル s_i の事象の情報量
L	平均符号語長
l_i	符号語 X_i の系列長
L_n	n 次拡大の平均符号語長
n_i	符号語長が i の符号語の個数
$P(E)$	事象 E が起こる確率
P_i	情報源シンボル s_i の生起確率
q	情報源シンボルの個数
S	情報源シンボルの集合または情報源
S^*	S の要素の長さ 0 以上の系列
S_i	情報源 S を i 回縮約したもの
s_i	情報源シンボル
S^n	情報源 S の n 次拡大
X	符号シンボルの集合
X^*	X の要素の長さ 0 以上の系列
X^+	X の要素の長さ 1 以上の系列
X_i	情報源シンボル s_i の符号語
σ_i	拡大情報源の要素

序章 情報理論とは

従来型のPCに代わってスマートフォンやタブレット端末が情報ツールの主役となり,一般ユーザーへの普及と便利なサービスの広がりはとどまるところを知らない。スマートフォンはコンピュータの基本的な機能を備える「小さなPC」と考えられていたが,近年の利用の広がりを考えるともはや別のものと考えるほうがよいだろう。スマートフォンが従来のPCと大きく異なる点はインターネットへの常時接続を前提とし,必要なデータを必要なときにネットワークから得るという設計思想にある(図0.1)。

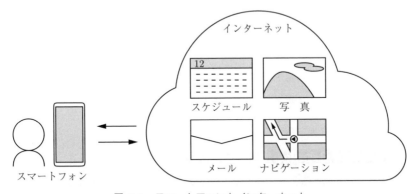

図0.1　スマートフォンとインターネット

このアイデア自体は何十年も前からある,技術者の夢ともいえるものであったが近年になって情報の通信が飛躍的に高速化,高信頼化されたことでようやく現実のものとなった。通信の高速化,高信頼化をもたらした技術は1940年代に始まる**情報理論**(information theory)という学問が基礎となっている。

情報理論という学問の名前は誤解を生みやすいところがある。例えば，ある都市の毎日の天気がある確率に従って決まるとする。このような確率に従って決まるものを**確率変数**（random variable）という。毎日の天気を連続して観測することを考える。この場合，日付という時間ごとの確率変数の値，すなわち**離散確率過程**（discrete stochastic process）として毎日の天気の発生をモデル化することができる（図0.2）。

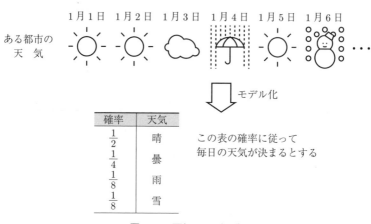

図 0.2　天気のモデル化

　情報理論とは情報の発生を離散確率過程としてとらえ，それを受信者に伝えるという枠組みの中で通信の効率などに関する数学的性質をあきらかにする学

Coffee Break　話は短いほうがいい

　本書では通信するデータの量は小さいほうがいいという前提で議論が進みます。通信するのはなにかを伝えるのが目的で，通信文を送るのはそのためのコストだという立場です。

　もちろん実世界ではそうでない場合もあります。人気漫才師のライブに行ったのに二言三言で終わってしまったら悲しいですよね。言葉の楽しさ自体に価値がある場合もあるのです。内容が伝わるなら文字は少ないほうがいいというのならこのコラムだって無駄ということになってしまいます。

問といえる。ある都市の天気をほかの都市に通信する場合，通信するデータの量は小さいことが望ましいがどのように伝えれば通信するデータの量が小さくなるのか，その限界はどこまでか，といった議論を行う。つまり，情報理論と呼ばれる学問は，名前から期待されるような情報の内容に関する理論ではなく，離散確率過程の出力を通信する場合の数学的理論である。情報理論は 1948 年にシャノン（C. E. Shannon）により発表された論文『A Mathematical Theory of Communication』[1]† により始まる。このタイトル（通信の数学的理論）がまさにこの学問の本来の内容を示している。

　情報理論の発展により，デジタルデータの圧縮，デジタル通信の高速化，ノイズのある環境での高信頼性通信などさまざまなことが可能となった。情報理論は現代のデジタル通信網が成り立つうえで最も重要な基礎学問の一つとなっている。

---

† 肩付き数字は巻末の引用・参考文献を表す。

1. 問題はなにか

　情報を通信する，という言葉は，ある場所で起きた事柄をそれを直接観測できない別の場所に伝えるという意味で使われる。「大阪の今日の天気を東京に伝える」というのは情報を通信している例であり，情報理論はこれを繰り返し行うときの問題を議論する学問である。ここでは厳密な定義を行う前に情報を通信するときの問題として平均の通信量の削減を目的とすることをいくつかの要素に分けて説明する。

1.1　起きた事柄と伝える手段

　「起きた事柄」として，大阪の天気を例に取り上げる。ここでは簡単のために天気は晴，曇，雨，雪の4種類だけであるとしよう。ある日の大阪の天気はこの4種類のどれかであるが，どれであるかを東京に伝えなければならない（図1.1）。

図1.1　大阪の天気を東京に伝える

「伝える手段」として，図1.2のような装置と，ほかと絶縁されたペアの導線が大阪-東京間に設置されているとする．大阪側にあるスイッチを開いた状態（図1.3(a)）ではこの導線のペア間の電位差は0Vに，閉じた状態（図1.3(b)）では5Vに設定される．導線のペアの東京側では現在の導線の電位差が0Vなのか5Vなのかを観測する．ここでは途中で混入するノイズ，測定器の誤差の問題は無視し，東京では2通りの電位差のどちらが大阪で設定されているか完全にわかるものとする．ここで，大阪でスイッチが開いていることを，東京で導線のペアの電位差が0Vであることを観測して知ることを「大阪から東京へ0を送る」と表現し，大阪でスイッチが閉じていることを，東京で導線のペアの電位差が5Vであることを観測して知ることを「大阪から東京へ1を送る」と表現することで抽象化を行うことができる．5Vという具体的な電圧値には意味がなく，2種類の状態の区別を大阪から東京に伝えることができることが本質なので，送られる記号については「アを送る」と「イを送る」でもよいのだが，慣例で0と1を使用する．

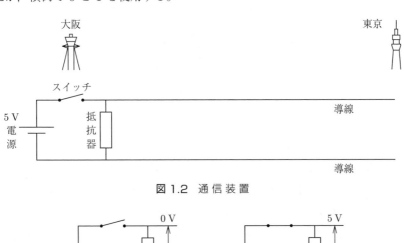

図1.2 通信装置

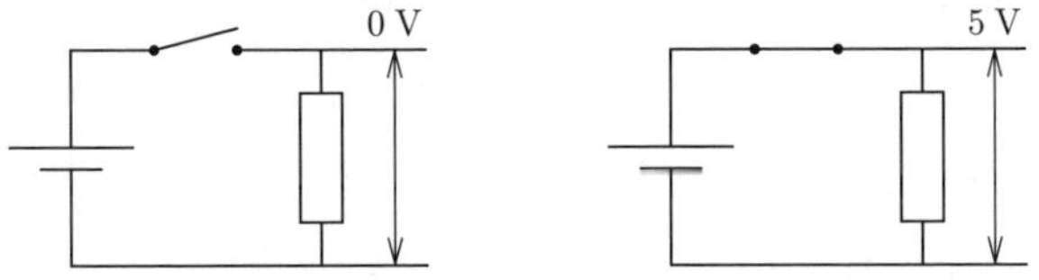

(a) 0を送るとき　　(b) 1を送るとき

図1.3 通信装置の大阪側の操作

1.2 通信用の文字に変換——符号化——

天気が晴か雨かの 2 種類しかないのであれば前節の装置をそのまま使って大阪の天気を東京に伝えることができる。例えば，晴のときは 0，雨のときは 1 を送るように決めておけばよいだけである。しかし，天気が晴，曇，雨，雪の 4 種類であれば送れる区別の数が足りず，そのままでは使用できない。これは 2 回の送信をひとまとめに扱うことで解決できる。

例えば，表 1.1 の約束事を大阪と東京の間で決めておく。約束事は表で表現され，左の列に天気の種類，右の列にそれに対応する 0, 1 からなる系列が書かれている。大阪では表を左の天気から右の系列を検索する方向で使い，東京では同じ表を逆に右の系列から左の天気を検索する方向で使う。例えば，大阪の天気が曇なら表に従って 0, 1 の順に送り，東京では 01 を受け取って表と照合し，大阪が曇であることを知る。

表 1.1 約束事 $\mathcal{A}$

天気	0,1 の系列
晴	00
曇	01
雨	10
雪	11

天気という「起きた事柄」を通信に使うことのできる文字 0, 1 の系列に変換することを**符号化** (encoding) と呼び，すべての天気に対する符号化の約束事を表す写像[†1]を本書では**符号**[†2] (code) と呼ぶ。以降，表 1.1 の約束事を符号 $\mathcal{A}$ と呼ぶ。符号は表 1.1 のような**符号表** (code table) で記述することができる。符号化とは逆に 0, 1 の系列から起きた事柄を求めることを**復号** (decoding) と呼ぶ。晴，曇，雨，雪に対応する系列 00, 01, 10, 11 それぞれを**符号語** (codeword) という。それぞれの符号語の系列を構成する文字の個数をその符号語の**符号語**

[†1] 写像，単写の定義を付録 A.2 に記述した。
[†2] 符号化の対応関係には着目せず，単に符号語の集合を符号と定義する場合も多い。

長(codeword length)という．表 1.1 の符号ではすべての符号語の符号語長は 2 である．

同じ 4 種類の天気を通信する場合でも符号は複数考えられるが，その中には使い物にならないものも存在する．例えば，**表 1.2** で表される符号 $\mathcal{B}$ を考える．符号 $\mathcal{B}$ を使った場合，東京で 1 を受信した場合に大阪の天気が曇なのか雨なのか雪なのか判断できなくなってしまい，元の情報に復元できなくなる．たまたま符号語が 0 だった場合は天気の特定に成功するが，ここでは一つでも特定に失敗する符号語が含まれていれば使い物にならないとする．符号を天気から符号語への写像と考えたとき，単写でない，すなわち東京で受け取った符号語から大阪の天気をただ一つに特定できないような符号語が存在する符号は使い物にならない符号である．表現すべき天気の数が 4 種類であることから符号語長がすべて 2 より小さい符号では異なる天気のどれか二つが必ず同じ符号語に対応させられることになり，使い物にならない符号しかできないことがわかる．

表 1.2　符号 $\mathcal{B}$

天気	符号語
晴	0
曇	1
雨	1
雪	1

例題 1.1 晴，曇，雨，雪の 4 通りの天気を 0,1 の系列に符号化するとき，それぞれの符号語長がすべて 2 である符号で符号語から元の天気を必ず一意に復元できる符号は何通りあるか答えよ．

【解答】 符号語として使うことができるのは 0,1 の長さ 2 の系列だから 00, 01, 10, 11 の 4 個である．

天気と符号語の対応が符号であるから，4 種の天気 {晴, 曇, 雨, 雪} と 4 個の符号語の {00, 01, 10, 11} の一対一対応の数は $_4P_4$ すなわち $4! = 24$ 通り．　◇

1.3 通信コストを下げるために ── 通信に必要な符号語長 ──

前節の符号 $\mathcal{A}$ はすべての符号語長が 2 である符号であった。このため，大阪の天気がどんな天気であっても必要な通信回数は 2 である。このように，符号語長がすべて同じである符号を**固定長符号**（等長符号）（fixed length code）と呼ぶ。

つぎに**表 1.3** で表される符号 $\mathcal{C}$ を考えてみよう。符号 $\mathcal{C}$ は各符号語長が異なるので固定長符号ではない。このような，符号語長が同じという制限のない符号を**可変長符号**（非等長符号）（variable length code）と呼ぶ。

表 1.3 符号 $\mathcal{C}$

天気	符号語
晴	0
曇	10
雨	110
雪	1110

符号 $\mathcal{A}$ と符号 $\mathcal{C}$ はどちらが優れた符号だろうか。これは符号そのものを見ているだけでは判断できない問題である。良し悪しの基準はいろいろ考えられるが，通信の効率を考えたいのでここでは符号語長が小さい符号がよいとする立場をとる。固定長符号である符号 $\mathcal{A}$ の符号語長はいかなるときでも 2 であるが，符号 $\mathcal{C}$ の符号語長は天気によって異なる。符号語長の期待値[†]を考えると，晴の確率が高いほど符号 $\mathcal{C}$ が有利になることは容易に想像できるであろう。結局，各天気の確率がわからなければ可変長符号 $\mathcal{C}$ の良し悪しを議論できないことがわかる。

ここで大阪の天気の確率が**表 1.4** のとおりだったとする。

この場合，符号 $\mathcal{C}$ を通信に用いたときの天気一つあたりの符号語長の期待値は晴，曇，雨，雪の符号語長がそれぞれ 1,2,3,4 であるから

[†] 期待値の定義を付録 A.3 に記述した。

1.3 通信コストを下げるために —— 通信に必要な符号語長 ——

表 1.4 大阪の天気

天気	確率
晴	$\frac{1}{2}$
曇	$\frac{1}{4}$
雨	$\frac{1}{8}$
雪	$\frac{1}{8}$

$$\frac{1}{2}\cdot 1+\frac{1}{4}\cdot 2+\frac{1}{8}\cdot 3+\frac{1}{8}\cdot 4$$

で得られ，期待値は 1.875 となり，符号語長が 2 である符号 $\mathcal{A}$ よりも優れていることがわかる。しかし別の都市，例えば，金沢の天気の確率が**表 1.5** のとおりであったとすると，符号 $\mathcal{C}$ を通信に用いたときの符号語長の期待値は 2.5 となり，逆に符号 $\mathcal{A}$ よりも悪化してしまう。

表 1.5 金沢の天気

天気	確率
晴	$\frac{1}{4}$
曇	$\frac{1}{4}$
雨	$\frac{1}{4}$
雪	$\frac{1}{4}$

ここまでの考察でわかったことは，大阪の天気を送信する場合，選択する符号を $\mathcal{A}$ から $\mathcal{C}$ に変更するだけで通信に必要なデータを平均で約 6% 削減できるということである。

それならば，もっと削減できる符号はないのかという疑問をもつのは当然だろう。しかし，削減しすぎると符号語の種類が減り，符号 $\mathcal{B}$ のような使い物にならない符号になる傾向があるため，削減にも限界があることも想像できる。

その限界はどこなのか，限界に近い優秀な符号はどうすれば設計できるのかということに自然に興味を抱くだろう。

このような興味に答えるために以降の章で必要な定義を行いながら情報理論の基礎を説明してゆく。

Coffee Break ☕ 大盛り一丁！

飲食店で客の注文を厨房に伝えるときに独特の略語が使われていることがあります。有名な牛丼チェーン店では牛丼大盛を1個なら「大盛一丁」，豚丼大盛1個なら「大盛豚丼一丁」というぐあいです。牛丼のときだけ「牛丼」とはいわないようです。これは牛丼の注文が多いため，メニュー名がないときは牛丼である，と決めることで平均の語数を短くする効果をねらっているのでしょう。これも可変長符号の一種です。

表は欧文モールス符号です。情報理論の発展により平均の通信の長さを最小にする技術が確立するよりも前の技術ですが，出現確率の高いEに短い符号，低いZに長い符号を割り当てて平均の長さを短縮する工夫が自然に行われていることがわかります。

表 モールス符号

文字	符号	文字	符号
A	・−	N	−・
B	−・・・	O	−−−
C	−・−・	P	・−−・
D	−・・	Q	−−・−
E	・	R	・−・
F	・・−・	S	・・・
G	−−・	T	−
H	・・・・	U	・・−
I	・・	V	・・・−
J	・−−−	W	・−−
K	−・−	X	−・・−
L	・−・・	Y	−・−−
M	−−	Z	−−・・

章 末 問 題

【1.1】 表 1.6 の符号 C_1 と C_2 の天気一つあたりの符号語長の期待値を比較する。

表 1.6 符号 C_1 と C_2

天気	符号 C_1	符号 C_2
晴	00	0
曇	01	10
雨	10	110
雪	11	1110

晴の確率	a
曇の確率	$\dfrac{1}{4}$
雨の確率	$\dfrac{1}{4}$
雪の確率	$\dfrac{1}{2} - a$

$\left(\text{ただし、}0 \leqq a \leqq \dfrac{1}{2}\right)$

とおいたとき，符号 C_2 の符号語長の期待値が符号 C_1 のもの以下になる a の値の範囲を示せ。

【1.2】 天気が晴，曇，雨，雪，霧の 5 種類であるとし，これを 0,1 の系列に符号化する場合を考える。使い物になる符号を構成するための，符号語の中で最長の符号語長の下限を答えよ。理由も示せ。

2. 符号の種類

本章ではまず，情報源，符号の定義を与え，最低限の「使い物になる符号」である一意に復号可能という概念を定義する。つぎに，一意に復号可能な符号の中でも好ましい性質である瞬時に復号可能という概念を定義し，その条件を満たしているかどうかのチェック方法を述べる。

2.1 天気と通信をモデル化──情報源と符号──

前章では厳密な定義なしに符号が「使い物にならない」という表現を用いた。ここで厳密な定義を与えるため，まず前章の「大阪の天気」を一般化した図 2.1 に示されるような**情報源**（information source）を定義する。

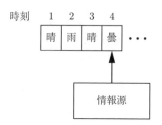

図 2.1　情報源（天気の例）

定義 2.1　有限の要素からなる集合 $S = \{s_1, s_2, \ldots, s_q\}$ からなんらかの確率規則に従って単位時間に 1 個ずつ要素を発生させるものを情報源と呼ぶ。また，S の個々の要素を**情報源シンボル**（source symbol）と呼ぶ。

2.1 天気と通信をモデル化 ── 情報源と符号 ──

本書では記号 S を情報源シンボルの集合の名前として使う場合と情報源の名前として使う場合がある。

情報源のうち，最も簡単なものは定義 2.1 の「なんらかの確率規則」がほかの時刻に発生したどの情報源シンボルにもよらず一定の確率で表せるもので，これを**無記憶情報源**（memoryless source）という。無記憶情報源の場合，情報源シンボルの集合 $S = \{s_1, s_2, \ldots, s_q\}$ とシンボルそれぞれの生起確率 $P(s_1), P(s_2), \ldots, P(s_q)$ を与えることで情報源を完全に記述できる。本書で扱う情報源では情報源シンボルの個数 q は 2 以上であると仮定する。

> **例 2.1** 前章表 1.4 の大阪の天気は無記憶情報源の例である。定義 2.1 に従って記述すると
>
> 情報源シンボルの個数　$q = 4$
>
> 各情報源シンボル　　　$s_1 = $ 晴, $s_2 = $ 曇, $s_3 = $ 雨, $s_4 = $ 雪
>
> それぞれの生起確率　　$P(s_1) = \dfrac{1}{2}$
>
> $P(s_2) = \dfrac{1}{4}$
>
> $P(s_3) = \dfrac{1}{8}$
>
> $P(s_4) = \dfrac{1}{8}$
>
> となる。

実際の天気では雪は特定の季節に集中するので，前日が雪のほうが雪の天気の生起確率は高い。無記憶情報源ではこのような傾向が無視され，単純化されている。

本書では無記憶情報源のみを扱うため，以降では無記憶情報源のことを単に情報源と書く。

> **例題 2.1** 前章表 1.5 の金沢の天気を情報源として定義 2.1 に従って記述せよ。

【解答】

情報源シンボルの個数　　$q = 4$

各情報源シンボル　　$s_1 = 晴, s_2 = 曇, s_3 = 雨, s_4 = 雪$

それぞれの生起確率　　$P(s_1) = \dfrac{1}{4}$

$$P(s_2) = \dfrac{1}{4}$$

$$P(s_3) = \dfrac{1}{4}$$

$$P(s_4) = \dfrac{1}{4}$$

となる。　　　　　　　　　　　　　　　　　　　　　　　　　　　　　　◇

つぎに符号の定義を行う。前章の例では情報源から発生した天気を $0, 1$ のいずれかを繰り返し送ることで通信を行った。この送ることができる文字それぞれを**符号シンボル**（channel symbol）と呼ぶ。本書では符号シンボルが 2 個だけのものを考え，各符号シンボルを $0, 1$ で表す。また，$\{0,1\}$ を文字とした文字列を **2 元系列**（binary string）と呼ぶ。**2 元ブロック符号**（binary block code）は以下のように定義される。

定義 2.2　情報源シンボルの集合 S が与えられていて，S の各要素 $s_1, s_2, \ldots, s_q$ それぞれに対して符号シンボルの集合 $X = \{0,1\}$ の要素の系列 $X_1, X_2, \ldots, X_q$ が割り当てられているとする。このとき，$X_1, X_2, \ldots, X_q$ それぞれを**符号語**と呼ぶ。また，X^* を X の長さ 0 以上の系列全体の集合とすると，割当全体は S の各要素から X^* への写像であり，これを 2 元ブロック符号と呼ぶ。

前章の符号 $\mathcal{A}, \mathcal{B}, \mathcal{C}$ は 2 元ブロック符号の例である。具体例として符号 $\mathcal{A}$ を定義 2.2 に沿って記述すると以下のようになる。

例2.2 符号 $\mathcal{A}$ を表2.1に再掲する。

表2.1 符号 $\mathcal{A}$

天気		符号語	
s_1	晴	X_1	00
s_2	曇	X_2	01
s_3	雨	X_3	10
s_4	雪	X_4	11

符号 $\mathcal{A}$ の情報源シンボルの個数 q は 4，情報源シンボルの集合 $S = \{s_1, s_2, s_3, s_4\}$ は

$s_1 = $ 晴, $s_2 = $ 曇, $s_3 = $ 雨, $s_4 = $ 雪

であり，割り当てられている符号語は

$X_1 = 00, \ X_2 = 01, \ X_3 = 10, \ X_4 = 11$

である。

本書では符号として2元ブロック符号のみを扱う。

2.2 必ず元に戻せる符号——一意に復号可能——

前章で例として取り上げた符号 $\mathcal{A}, \mathcal{B}, \mathcal{C}$ の符号表を比較しよう（**表2.2**）。

表2.2 符号 $\mathcal{A}, \mathcal{B}, \mathcal{C}$

情報源シンボル	$\mathcal{A}$	$\mathcal{B}$	$\mathcal{C}$
s_1	00	0	0
s_2	01	1	10
s_3	10	1	110
s_4	11	1	1110

符号 $\mathcal{B}$ が「使い物にならない」ことは明白であるが，ここで「使い物になる」符号であることを表す「一意に復号可能」という概念を定義する。

前章では符号 $\mathcal{B}$ が使い物にならない理由として，単写ではない，すなわち異なる情報源シンボルが同じ符号語 1 に符号化されるため，元の情報源シンボルを復元できないためであると説明した。このような写像からなる符号を**狭義に特異**（singular）という。狭義に特異な符号が使い物にならないことは明らかであるが，実際にはそれだけでは十分でない。

例えば，表 2.3 の符号 $\mathcal{D}$ を考えよう。この符号はすべての情報源シンボルについて異なる符号語が割り当てられているので狭義に特異の定義には当てはまらない。実際に情報源シンボル 1 個分だけを送信した場合は正しく元の天気を復元することができる。

表 2.3　符号　$\mathcal{D}$

情報源シンボル	符号語
s_1	0
s_2	1
s_3	01
s_4	10

しかし，情報理論では単位時間に 1 個ずつ要素を発生させる情報源を対象とし，情報源シンボルの**系列**（sequence）を符号化して送信する場合を考える。例えば，送信すべき情報源シンボルの系列が (s_1, s_2) だった場合，符号化後の系列は 01 となるが，これは天気の系列が (s_3) だった場合と区別できない。このように符号表のうえでは狭義に特異ではなくとも連続して使用した場合に使い物にならないような符号が存在する。このようなことが起こらない，すなわち連続して使用した場合にも元の情報源シンボル系列に復元できる保証がある符号を定義する必要がある。まず，情報源シンボルの系列に対する符号化を以下のように定義する。S^* は S の長さ 0 以上の系列全体の集合とする。

定義 2.3　情報源シンボル系列 $(s_{i_1}, s_{i_2}, \ldots, s_{i_n}) \in S^*$ を符号化したときの出力は，それぞれを順に符号化した符号語を連接した符号シンボル系列 $X_{i_1} X_{i_2} \cdots X_{i_n} \in X^*$ であるとする。

この定義を具体例で説明する。

> **例 2.3** 晴, 雨, 晴, 曇の順に天気が発生したことを前章の符号 $\mathcal{A}$ で符号化する場合, 情報源シンボル系列は
> $$s_{i_1} = 晴$$
> $$s_{i_2} = 雨$$
> $$s_{i_3} = 晴$$
> $$s_{i_4} = 曇$$
> である。つまり
> $$i_1 = 1$$
> $$i_2 = 3$$
> $$i_3 = 1$$
> $$i_4 = 2$$
> である。それぞれに対応する符号語は
> $$X_{i_1} = 00$$
> $$X_{i_2} = 10$$
> $$X_{i_3} = 00$$
> $$X_{i_4} = 01$$
> であるから, 情報源シンボル系列 (晴,雨,晴,曇) を符号化した出力は, 2元シンボル系列 00100001 である。

繰返し使用することを考慮に入れたうえで「使い物になる」符号の最低限の条件である「一意に復号可能」を情報源シンボルの系列に対する符号化の定義を用いて以下のように定義する。

> **定義 2.4** 異なる情報源シンボル系列が同じ符号シンボル系列に符号化されることがないとき, その符号は**一意に復号可能** (uniquery decodable) であるという。

18　2. 符号の種類

一意に復号可能であれば，連続して発生する情報源の系列に対して符号語を続けて送信しても，適当な復号を行えば元の情報源の系列に戻せるように出力結果が区別されていることが保証される。一意に復号可能という性質は符号として最低限満たすべき性質という位置付けにあるといえる。

例題 2.2 表 2.3 の符号 $\mathcal{D}$ が一意に復号可能でないことを示せ。

【解答】 定義に当てはまらない反例を一つでも示せばよい。例えば，本文で説明した (s_1, s_2) という情報源シンボル系列と (s_3) という情報源シンボル系列は異なる系列である。しかしどちらも 01 という同じ符号シンボル系列に符号化されるため，一意に復号可能の定義を満たさない。よって一意に復号可能ではない。　◇

一般にある符号が一意に復号可能かどうかを判断するのは簡単ではない。符号 $\mathcal{B}$ のように狭義に特異であればあきらかに一意に復号可能でないが，符号 $\mathcal{D}$ のように狭義に特異ではないが連続して使用した場合に問題が表面化するような一意に復号可能でない符号が存在する。これは**図 2.2** に示すように，連続する符号語の連接を行った後の符号シンボル系列に対し，どこで区切るかについて複数の可能性があることが本質的な原因である。

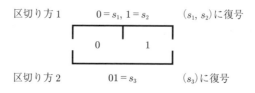

図 2.2 符号 $\mathcal{D}$ の区切り曖昧性

連接後の符号シンボル系列の区切りの一意性に着目することで符号が一意に復号可能かどうかを判定する必要十分条件が得られる。区切りが一意である，とはどんな受信符号シンボル系列であっても，それを符号語の系列に分解するやり方がただ一つであるという意味である。

2.2 必ず元に戻せる符号——一意に復号可能——

命題 2.1 符号についての以下の条件は符号が一意に復号可能であるための必要十分条件である。

条件 2.1 狭義に特異でなく，かつ連接後の符号シンボル系列の区切りが一意に決まる[†]。

> **証明** 条件 2.1 が十分条件であることを示す。証明すべきことは「狭義に特異でなく，かつ連接後の符号シンボル系列の区切りが一意に決まる ⇒ 一意に復号可能」である。条件の後半により受信した符号シンボル系列は一意に区切られることが保証され，区切られた後の 1 シンボルごとの復号については前半の条件により狭義に特異でない符号であるから情報源シンボルが一意に決められることが保証される。結局，受信符号シンボル系列が与えられると符号化前の情報源シンボル系列が一意に決まる，すなわち異なる情報源シンボル系列が同じ符号シンボル系列に符号化されることがないので条件 2.1 は一意に復号可能な符号であるための十分条件であるといえる。
>
> つぎに条件 2.1 が必要条件であるこを示す。証明すべきことは「一意に復号可能 ⇒ 狭義に特異でなく，かつ連接後の符号シンボル系列の区切りが一意に決まる」である。狭義に特異であれば 1 シンボルだけ送信したときに一意に復号可能でないので「一意に復号可能であれば狭義に特異でない」はすぐにいえる。残ったのは「一意に復号可能であれば連接後の符号シンボル系列の区切りが一意に決まる」である。背理法の仮定として「区切りが一意に決まらない」と仮定する。この場合ある符号シンボル系列に対して異なる区切り方 A と B がある。この様子を図示したのが図 2.3 である。

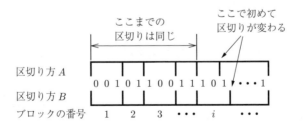

図 2.3 同じ系列の異なる区切り方 A, B

[†] 符号語の集合を符号と呼ぶ場合の一意に復号可能の定義に相当する。

区切り方 A と B で最初に区切りが異なる位置を考える。図 2.3 を使って説明する。A, B の区切り方それぞれについて最初のブロックから順に 1 から番号をつけ，最初に異なる切れ目で終了するブロックに対応するブロックの番号を i 番とする。つまり，このブロックは区切り方 A でも B でも i 番目のブロックで，i 番目の情報源シンボルが符号化されたものである。i 番目のブロックの符号語は A の区切り方と B の区切り方で長さが異なることから A と B では異なる符号語である。符号は写像であるから，同じ入力は必ず同じ出力になる，すなわち出力である符号語が異なる場合は入力に対応する元の情報源シンボルは異なる。結局，区切り方 A に従って復号した場合と区切り方 B に従って復号した場合では i 番目の情報源シンボルが異なっているはずである。情報源シンボルの系列中にシンボルが異なっている番号が存在するのだから，区切り方 A に従った復号結果と区切り方 B に従った復号結果は全体としては異なる情報源シンボル系列といえる。つまり，異なる情報源シンボル系列が同じ符号シンボル系列に符号化されていることになり，一意に復号可能の定義に反するので矛盾となる。以上により区切りが一意に決まることが証明できた。□

条件 2.1 より，区切りに曖昧性がないことがあきらかな符号については簡単に一意に復号可能かどうかの判定ができる。その代表的な例が固定長符号とコンマ符号（comma code）である。コンマ符号とは，符号語の最後の文字だけに使われる符号シンボルが存在する符号である。符号 $\mathcal{A}$ は固定長符号，符号 $\mathcal{C}$ はコンマ符号の例で，$\mathcal{C}$ では符号シンボル 0 が符号の最後を示す「コンマ」の役割をはたしている。これらの符号は受信系列である連接後の符号シンボル系列をどう区切るかについて曖昧性がないことが自明であるため，符号表を確認して狭義に特異でなければ一意に復号可能であることが確認できる。

2.3 遅延なく復号できる符号——瞬時に復号可能——

3 元情報源 $S = \{s_1, s_2, s_3\}$ を符号化する符号 $\mathcal{E}$ を考える（表 2.4）。

符号 $\mathcal{E}$ は符号表から狭義に特異でない。また，すべての符号シンボル系列を受信したあとであれば少なくとも最後から 2 個の符号シンボルを見れば最後に送信した情報源シンボルが確定する。後ろから順に確定したシンボルを取り除

2.3 遅延なく復号できる符号——瞬時に復号可能——

表 2.4 符号 $\mathcal{E}$

情報源シンボル	符号語
s_1	0
s_2	01
s_3	11

いてゆくことですべての符号化シンボルを一意に決定することができるため，符号 $\mathcal{E}$ は一意に復号可能である。

ここで，受信側が 01 までを受信しつつある途中の状態を考える。最初の符号シンボル 0, 2 番目の符号シンボル 1 までを受信した途中の状態である。この時点では最初の情報源シンボルは確定できない。この時点で全系列が終了すれば $01 = (s_2)$，もう 1 個 1 を受信して終了すれば $011 = (s_1, s_3)$ に復号しなければならないからである。極端なケースでは図 2.4 のように 0111... を受信している場合，すなわち受信側が最初に 0 を 1 個受信したあと 1 を受信し続けている場合，1 の連続が偶数で終了すれば最初の情報源シンボルを s_1 に，奇数で終了すれば最初の情報源シンボルを s_2 に復号しなければならないため，いつまで経っても復号結果を出力することができない。

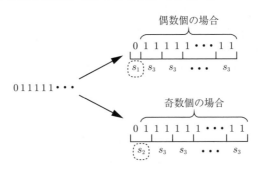

図 2.4 最後まで受信しないと最初のシンボルを決定できない例

一意に復号可能という性質は，実用的な符号として最低限の制約であるが，$\mathcal{E}$ のように好ましくない性質をもつ符号も含まれる。$\mathcal{E}$ のような復号の遅延を生まない符号の性質を定義する。

> **定義 2.5** 一意に復号可能な符号のうち，情報源シンボルが，対応する符号語よりあとの符号シンボルを参照することなく確定できるとき，その符号は**瞬時に復号可能**（instantaneously decodable）であるという。

符号 $\mathcal{A}, \mathcal{C}$ は瞬時に復号可能な符号であり，符号 $\mathcal{E}$ は一意に復号可能であるが瞬時に復号可能ではない符号の例である。図 2.5 はブロック符号の中で，狭義に特異でない符号，一意に復号可能な符号，瞬時に復号可能な符号の包含関係と，符号 $\mathcal{A}, \mathcal{B}, \mathcal{C}, \mathcal{D}, \mathcal{E}$ がどこに属するかを示した図である。瞬時に復号可能な符号は一意に復号可能な符号のなかでも復号処理さえ高速にできるならば対応する符号語を受信しきった瞬間に復号結果を出力できるという好ましい性質をもつ符号である。

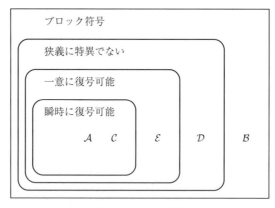

図 2.5 符号の分類

符号が瞬時に復号可能かどうかを判定する方法があると都合がよい。この判定方法は**語頭条件**（prefix property）として知られている。X^+ は長さ 1 以上の X の系列全体の集合とする。

2.3 遅延なく復号できる符号 ——瞬時に復号可能——

定義 2.6 系列 $\alpha, \beta \in X^+$ に対し，$\alpha = \beta\gamma$ なる $\gamma \in X^*$ が存在するとき，β を α の**語頭**（prefix）という。

具合的な系列とその語頭の例を示す。

例 2.4 $\alpha = 0101$ という系列の語頭は 0, 01, 010, 0101 の四つである。

符号に対し，以下の条件を語頭条件という。

条件 2.2（語頭条件） すべての符号語について，別の符号語の語頭ではない。

以下の定理により，語頭条件は瞬時に復号可能か否かの判断に使用できる。

定理 2.1 語頭条件は符号が瞬時に復号可能であるための必要十分条件である。

Coffee Break ☕ 電話番号は瞬時に復号可能

瞬時に復号可能なものの例として電話番号があります。国際電話まで考慮に入れると最初に国番号といわれる 1〜3 桁の数字があります。国番号は瞬時に復号可能，つまり語頭条件を満たすようにつけられています。日本の国番号は 81 ですが 8 という国番号はなく，81 の後に数字をつけた国番号もありません。

国番号の後は各国のシステムで番号がつけられています。日本の場合は 1 で始まると 110 番などの 3 桁の緊急電話番号と決まっていて，それ以外は先頭の 0 を入れて 4 桁を見ると全部で何桁の番号なのかがわかるようにつけられています。電話番号なのでもちろん一意につけられていますから全体として瞬時に復号可能だといえます。

2. 符号の種類

証明

十分性の証明　（「符号 C が語頭条件を満たす」⇒「C は瞬時に復号可能である」を示す）

C が語頭条件を満たしているとき，受信した符号シンボル系列を最初から順に見ている状況を考える．ある符号語 X_i に対応する系列が完成したとき，語頭条件よりその部分がほかの符号語の一部でない保証があるためその部分は X_i に対応する情報源シンボル s_i を符号化したものであることが確定される．このように，あとの符号シンボルを参照することなく復号できるため，瞬時に復号可能な符号である．

必要性の証明　（「符号 C が瞬時に復号可能である」⇒「C は語頭条件を満たす」を示す）

この命題の対偶の，「符号 C は語頭条件を満さない」⇒「C が瞬時に復号可能でない」を示す．C が語頭条件を満たさないなら，ある符号語 X_i を語頭とする X_i とは異なる X_j が存在し，$X_j = X_i \gamma$ となる空でない文字列 γ が存在する．この場合，X_i の長さは X_j の長さより小さい．これを図示したものが図 2.6 である．

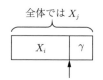

図 2.6　語頭条件を満たさない場合

受信した符号シンボル系列を最初から順に見ていき，図 2.6 の矢印までのシンボルを受信した状態を考える．これは X_i に対応する符号シンボル系列が完成した瞬間であるが，送信したのが X_i に対応する情報源シンボル s_i であって X_i すべてを受信しきった場合なのか，送信したのは X_j に対応する情報源シンボル s_j であり X_j の X_i と等しい部分までを受信している途中なのかは後続の符号シンボル系列を参照しなければ確定させることはできない．ゆえに C は瞬時に復号可能ではない．　□

章末問題

【2.1】 つぎの文のうち，正しいものをすべて挙げよ．
  (1) 一意に復号可能な符号で瞬時に復号可能であるものとないものがある．
  (2) 一意に復号可能な符号は必ず瞬時に復号可能である．
  (3) 瞬時に復号可能な符号で一意に復号可能であるものとないものがある．
  (4) 瞬時に復号可能な符号は必ず一意に復号可能である．

【2.2】 表 2.5 のブロック符号 C_1, C_2, C_3, C_4 について
  (1) 瞬時に復号可能なものをすべて答えよ．
  (2) 一意に復号可能なものをすべて答えよ．

表 2.5　符号 C_1, C_2, C_3, C_4

情報源シンボル	符号 C_1	符号 C_2	符号 C_3	符号 C_4
s_1	00	0	01	0
s_2	10	01	10	10
s_3	11	011	0110	110
s_4	10	0111	1001	111

【2.3】 一意に復号可能な固定長符号は瞬時に復号可能であることを示せ．

3. 符号語長の制約

符号語長が小さいほど効率的な通信ができるが，無理に短縮すると元の情報源シンボル系列の区別が失われ，受信側で元の情報源シンボル系列に一意に復元できなくなる。これは一意に復号可能であるという要求が符号語長になんらかの下界を与えていることを示している。

本章では瞬時に復号可能であるための符号語長に関する条件，一意に復号可能であるための符号語長に関する条件を考察し，いずれもクラフトの不等式と呼ばれる同一の不等式が必要十分条件となることを示す。

3.1 符号語長に課せられる制限——クラフトの不等式——

最初に，符号が瞬時に復号可能であるという条件が符号語長にどのような必要条件を与えるかを直感的に考察する。

すべての2元系列を図3.1のように配置することを考える。図は左から文字を連結して読む。例えば，図中で一番左の列の上の段は系列 0 を，左から 3 列目一番下の段は系列 111 を表している。

この図を用いた瞬時に復号可能な符号の構成法を考える。定理 2.1 と語頭条件（条件 2.2）よりある情報源シンボルに符号語として系列を割り当てると，その系列のあとを延長したすべての系列はほかの符号語に割り当てられない。例えば，符号 $\mathcal{A}$ において情報源シンボル s_1 に符号語 00 を割り当てると 00 を延長するすべての系列が割り当て不能になる。これは図 3.1 では左から 2 列目の一番上の段の右の領域がすべて使用不可になるとして表現される。同様

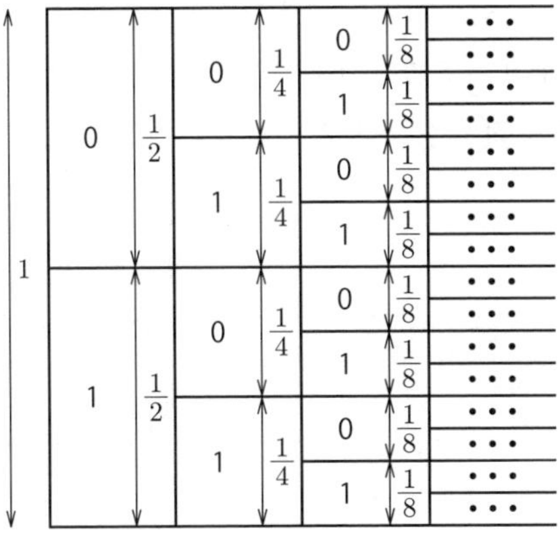

3.1 符号語長に課せられる制限——クラフトの不等式——

図 3.1 2元系列の空間

に $s_2 = 01, s_3 = 10, s_4 = 11$ を割り当てたときの使用不可となる領域に影をつけて示したものが**図 3.2**である．直感的に，全体の空間の大きさを 1 とし，$00, 01, 10, 11$ それぞれの符号語で使用不可となる空間は $1/4$ であると考えることができる．

情報源シンボル	符号語	符号語長
s_1	00	$l_1 = 2$
s_2	01	$l_2 = 2$
s_3	10	$l_3 = 2$
s_4	01	$l_4 = 2$

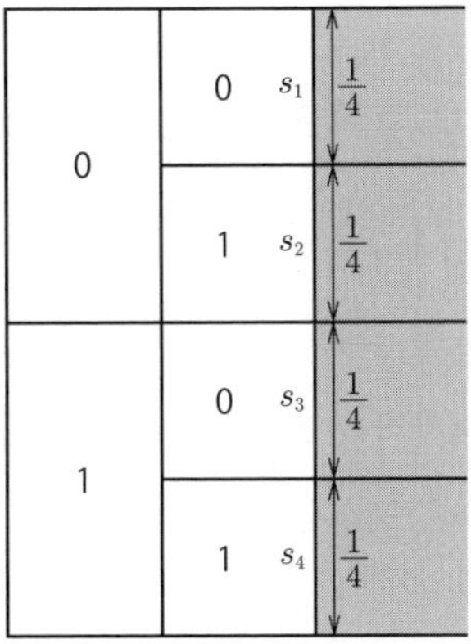

図 3.2 瞬時に復号可能な符号 $\mathcal{A}$

つぎに瞬時に復号可能な可変長符号である符号 $\mathcal{C}$ について考察する．s_1 に 0 を割り当てるということは図 3.1 の左から 1 列目上の段の右すべて，すなわち上半分が使用不可になる．これは直感的には $1/2$ の空間を消費したと考える

ことができる。同様に $s_2 = 10$ を割り当てると $1/4$, $s_3 = 110$ の割り当てで $1/8$, $s_4 = 1110$ の割り当てで $1/16$ の空間を消費したと考えることができる。これを図示したものが**図 3.3** である。

情報源シンボル	符号語	符号語長
s_1	0	$l_1 = 1$
s_2	10	$l_2 = 2$
s_3	110	$l_3 = 3$
s_4	1110	$l_4 = 4$

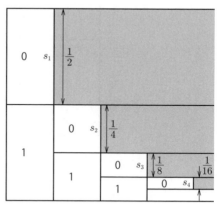

図 3.3 瞬時に復号可能な符号 $\mathcal{C}$

これらの考察から,瞬時に復号可能な符号であるという条件を満たすためには符号語長 l_i の符号語を 1 個割り当てるたびに $(1/2)^{l_i}$ の空間を消費すると考え,その和が 1 を超えてはならないということが予想できる。

これは以下の不等式で表すことができる。

$$\sum_{i=1}^{q} \left(\frac{1}{2}\right)^{l_i} \leqq 1 \tag{3.1}$$

この不等式は**クラフトの不等式**(Kraft's inequality)と呼ばれ,実際に符号が瞬時に復号可能であるための必要条件であることが知られている。その証明は後述するとして,ここではクラフトの不等式の利用方法を紹介する。

表 3.1 の符号それぞれについてクラフトの不等式を満たすかどうか確認する。

表 3.1 符号 $\mathcal{A}, \mathcal{B}, \mathcal{C}$

情報源シンボル	$\mathcal{A}$	$\mathcal{B}$	$\mathcal{C}$
s_1	00	0	0
s_2	01	1	10
s_3	10	1	110
s_4	11	1	1110

3.1 符号語長に課せられる制限──クラフトの不等式──

符号 $\mathcal{A}$ はすべての符号語の符号語長が 2 であるからクラフトの不等式の左辺は

$$4 \cdot \left(\frac{1}{2}\right)^2 = 1$$

となり,クラフトの不等式を満たしている,すなわち瞬時に復号可能な符号であるための必要条件を満たしていることがわかる.実際に符号 $\mathcal{A}$ は瞬時に復号可能な符号であるが,クラフトの不等式を満たすからといって無条件に瞬時に復号可能とはいえないことに注意する必要がある.例えば,同じ符号語長の符号 $\mathcal{A}'$ を考える (**表 3.2**).

表 3.2 符号 $\mathcal{A}'$

情報源シンボル	符号語
s_1	00
s_2	00
s_3	11
s_4	11

符号 $\mathcal{A}'$ は符号語長においては符号 $\mathcal{A}$ と同一であるため,クラフトの不等式を満たす.しかし,この符号は狭義に非特異でないから図 2.5 の符号の分類より一意に復号可能でなく,瞬時に復号可能でないことはあきらかである.クラフトの不等式は符号語長だけに対する条件であるため,符号語長がクラフトの不等式を満たしているとしても実際にそれが瞬時に復号可能な符号かどうかは個別の符号語を調べ,語頭条件などを用いて確認する必要がある.

符号 $\mathcal{B}$ に対するクラフトの不等式の左辺はすべての符号語長が 1 であることから

$$4 \cdot \left(\frac{1}{2}\right)^1 = 2 > 1$$

となり,クラフトの不等式を満たさない.このことから,この符号語長では瞬時に復号可能な符号は作り得ないことがわかる.

符号 $\mathcal{C}$ は可変長符号であり,符号語長は 1,2,3,4 である.クラフトの不等式の左辺は

$$\left(\frac{1}{2}\right)^1 + \left(\frac{1}{2}\right)^2 + \left(\frac{1}{2}\right)^3 + \left(\frac{1}{2}\right)^4 = \frac{15}{16} \leq 1$$

であり，クラフトの不等式を満たす．$\mathcal{C}$ はカンマ符号であり，瞬時に復号可能な符号であることを確認することができる．

例題 3.1 2章で示した表2.3の符号 $\mathcal{D}$ についてクラフトの不等式を満たすかどうか確認せよ．

【解答】 クラフトの不等式の左辺は

$$2 \cdot \left(\frac{1}{2}\right)^1 + 2 \cdot \left(\frac{1}{2}\right)^2 = \frac{3}{2} > 1$$

となり，クラフトの不等式を満たさない． ◇

クラフトの不等式は瞬時に復号可能な符号を作るときに必要な符号語長を求める目的で使用することもできる．例えば，情報源シンボルの個数が 4 個であるとき，固定長符号を用いるならどれだけの符号語長が必要かを考える．符号語長を仮に l とするとクラフトの不等式は

$$4 \cdot \left(\frac{1}{2}\right)^l \leq 1$$

となり，l が正の整数であることから l は 2 以上が必要である．実際に表 3.1 の符号 $\mathcal{A}$ がそのような瞬時に復号可能な符号である．また固定長符号ではこれより符号語長の小さい瞬時に復号可能な符号は作り得ないことがわかる．

部分的に符号語長が決まっているケースでもクラフトの不等式は利用できる．情報源シンボルの個数が 4 個であり，s_1 の出現頻度が極端に高いなどの理由で符号語長 1 の符号語を割り当てたいとする．s_2 から s_4 の符号語を同じ符号語長にするという条件での符号語長の必要条件を考える．ここでも s_2 から s_4 の符号語長を l とおくとクラフトの不等式より

$$\frac{1}{2} + 3 \cdot \left(\frac{1}{2}\right)^l \leq 1$$

$$\left(\frac{1}{2}\right)^l \leq \frac{1}{6}$$

3.1 符号語長に課せられる制限──クラフトの不等式── 31

となり，l は正の整数であることから 3 以上が必要であることがわかる．実際に構成した瞬時に復号可能な符号の例を**表3.3**に示す．

表 3.3 符号 $\mathcal{F}$

情報源シンボル	符号語	符号語長
s_1	0	1
s_2	100	3
s_3	101	3
s_4	110	3

すべての符号語長が 2 であった符号 $\mathcal{A}$ と比較すると，一つの符号に短い符号語を割り当てるとクラフトの不等式を満たすためにはほかの符号語の符号語長が大きくなることがわかる．

例題 3.2 情報源シンボルが $s_1, s_2, \ldots, s_5$ の 5 個であり，s_1 に符号語 0 を割り当て，残りの符号語長を同じにしたい．瞬時に復号可能であるためには残りの符号語長はどれだけ必要か，また，その符号語長の具体的な瞬時に復号可能な符号を答えよ．

【解答】 s_2 から s_5 の符号語長を l とおくとクラフトの不等式より

$$\frac{1}{2} + 4 \cdot \left(\frac{1}{2}\right)^l \leq 1$$

$$\left(\frac{1}{2}\right)^l \leq \frac{1}{8}$$

$$l \geq 3$$

となり，l は 3 以上が必要であることがわかる．瞬時に復号可能な符号の例を**表3.4**に示す． ◇

表 3.4 符号 $\mathcal{G}$

情報源シンボル	符号語	符号語長
s_1	0	1
s_2	100	3
s_3	101	3
s_4	110	3
s_5	111	3

まだ証明は行っていないが，瞬時に復号可能であれば符号語長は必ずクラフトの不等式を満たす．では，逆にクラフトの不等式を満たす符号語長であれば必ず瞬時に復号可能な符号が存在するのであろうか．クラフトの不等式を十分条件としても使用できるように条件を整備する．この目的で符号に対して本書では**符号語長並び**（codeword length array）という概念を導入する．

定義 3.1 情報源 $S = \{s_1, s_2, \ldots, s_q\}$ に対する符号 C について，各情報源シンボルに割り当てた符号語がそれぞれ $X_1, X_2, \ldots, X_q$ であり，それぞれの系列の長さを $l_1, l_2, \ldots, l_q$ とする．系列 $(l_1, l_2, \ldots, l_q)$ を符号語長並びと呼ぶ．

符号語長並びの例を以下に示す．

例 3.1 表 3.1 の符号 $\mathcal{A}, \mathcal{B}, \mathcal{C}$ の符号語長並びは，それぞれ $(2, 2, 2, 2)$, $(1, 1, 1, 1)$, $(1, 2, 3, 4)$ である．

符号語長並びの概念を用いると
- 符号語長並び $(l_1, l_2, \ldots, l_q)$ がクラフトの不等式を満たす．
- 符号語長並びが $(l_1, l_2, \ldots, l_q)$ である瞬時に復号可能な符号が存在する．

という符号語長並びに対する二つの条件が必要十分条件であることが予想できる．この予想は実際に正しい，つまりクラフトの不等式は瞬時に復号可能な符号が存在するための必要十分条件であることが証明可能であるが，ここではより強い結果を証明する．

定理 3.1 ある符号語長並び $(l_1, l_2, \ldots, l_q)$ について
条件 A クラフトの不等式を満たす．
条件 B 瞬時に復号可能な符号が存在する．
条件 C 一意に復号可能な符号が存在する．
はたがいに必要十分条件である．

3.1 符号語長に課せられる制限——クラフトの不等式——

つまり，クラフトの不等式は瞬時に復号可能な符号に対しても一意に復号可能な符号に対しても符号語長並びの必要十分条件である，という主張である。これからこれを証明する。

条件 A, B, C がたがいに必要十分条件，つまり同値であることを証明するための全体の方針をまず説明する。すべての瞬時に復号可能な符号は一意に復号可能な符号でもあるから 条件 $B \Rightarrow$ 条件 C は自明である。これを利用して，条件 $A \Rightarrow$ 条件 B と 条件 $C \Rightarrow$ 条件 A を示すことにより三つの条件が同値であることの証明を行う。

> ### Coffee Break ☕ 一周回って一気に証明
>
> 定理 3.1 では三つの条件がたがいに必要十分条件であることを両方向の証明を行うのではなく一方向の証明を繋いで最初の条件まで戻ってくる証明手法を採用しました。
>
> これは $A \Rightarrow B$ かつ $B \Rightarrow C$ ならば $A \Rightarrow C$ が成り立つ，すなわち $\Rightarrow$ が推移律を満たすからです。これにより図に明示されている矢印の逆方向もすべて成立することを保証しています。このような証明方法は多数の条件の必要十分性をまとめて証明するときによく使われます。例えば，実数に対して左辺が右辺以上であることを表す $\geq$ も推移律を満たすので，$a_1 \geq a_2, a_2 \geq a_3, \ldots, a_n \geq a_1$ と，a_1 へ戻ってくるまですべて成り立った場合，a_1 から a_n のどのペアについてもどの方向でも $\geq$ が成り立ちます。
>
>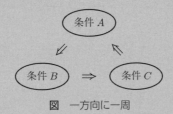
>
> 図　一方向に一周
>
> 方ジャンケンの強弱で左辺が右辺に勝つことを表す記号 $>_j$ を考えます。グー $>_j$ チョキ かつ チョキ $>_j$ パー が成り立っても グー $>_j$ パー は成り立たない，つまり推移律を満たしませんので，この証明方法は使えません。

3.2 瞬時に復号可能な符号が存在するための十分条件

定理 3.1 を証明する最初のパートとして，まず条件 $A \Rightarrow$ 条件 B を証明する。

補題 3.1 ある符号語長並び $(l_1, l_2, \ldots, l_q)$ について，クラフトの不等式を満たすことは瞬時に復号可能な符号が存在するための十分条件である。

| 証明 | 「ある符号語長並び $(l_1, l_2, \ldots, l_q)$ がクラフトの不等式を満たす $\Rightarrow$ その符号語長並びの瞬時に復号可能な符号が存在する」を示す。

クラフトの不等式の総和の中で符号語長が同じものは同じだけ合計値に寄与する。符号語長 l の符号語が n 個あればクラフトの不等式の左辺の合計は $(1/2)^l$ が n 回加算されるが，その代わりに $(1/2)^l$ の n 倍を加えてもよい。このように同じ符号語長の符号語を乗算でカウントする式を考える。符号語長のうち最大のものを a とする。符号語長 i の符号語数を n_i (ただし，$1 \leqq i \leqq a$) とすると，系列 $n_1, n_2, \ldots, n_a$ を**符号語長分布** (codeword length distribution) という[†1]。

例 3.2 表 3.1 の符号 $\mathcal{A}$ の符号語長の最大値は $a = 2$，符号語長分布は $n_1 = 0$, $n_2 = 4$ である。符号 $\mathcal{B}$ については $a = 1$，符号語長分布は $n_1 = 4$，符号 $\mathcal{C}$ については $a = 4$，符号語長分布は $n_1 = 1$, $n_2 = 1$, $n_3 = 1$, $n_4 = 1$ である。

符号語長分布を用いてクラフトの不等式を以下のように書き直す[†2]。

$$\sum_{i=1}^{a} n_i \left(\frac{1}{2}\right)^i \leqq 1$$

条件 A を仮定しているので上の式は成り立つ。
総和を展開すると

$$n_1 \left(\frac{1}{2}\right)^1 + n_2 \left(\frac{1}{2}\right)^2 + \cdots + n_a \left(\frac{1}{2}\right)^a \leqq 1$$

[†1] 符号語長分布では $n_i = 0$ のものは記述を省略することが多い。
[†2] ここでの i は同じ変数名であってもクラフトの不等式の i と同じではないことに注意。

3.2 瞬時に復号可能な符号が存在するための十分条件

左辺最終項以外を移項すると

$$n_a \left(\frac{1}{2}\right)^a \leqq 1 - n_1 \left(\frac{1}{2}\right)^1 - n_2 \left(\frac{1}{2}\right)^2 - \cdots - n_{a-1}\left(\frac{1}{2}\right)^{a-1}$$

両辺に 2^a を掛けると

$$n_a \leqq 2^a - n_1 2^{a-1} - n_2 2^{a-2} - \cdots - n_{a-1} 2 \tag{3.2}$$

クラフトの不等式を満たす符号は式 (3.2) の不等式を満たすことがいえる。
まず n_a は長さ a の符号語の個数であるから非負である。ゆえに左辺の n_a を 0 で置き換えても不等式は成り立つ。

$$0 \leqq 2^a - n_1 2^{a-1} - n_2 2^{a-2} - \cdots - n_{a-1} 2$$

右辺最終項を移項して両辺を 2 で割るとつぎの不等式が得られる。

$$n_{a-1} \leqq 2^{a-1} - n_1 2^{a-2} - n_2 2^{a-3} - \cdots - n_{a-2} 2 \tag{3.3}$$

ここでまた n_{a-1} は長さ $a-1$ の符号語数であるから非負である。よって左辺を 0 で置き換えて右辺最終項を移項, 2 で割った不等式が成り立つ。

$$n_{a-2} \leqq 2^{a-2} - n_1 2^{a-3} - n_2 2^{a-4} - \cdots - n_{a-3} 2 \tag{3.4}$$

これを繰り返すことで以下の a 個の不等式の系列が得られる。

$$\begin{aligned}
n_a &\leqq 2^a - n_1 2^{a-1} - n_2 2^{a-2} - \cdots - n_{a-3} 2^3 - n_{a-2} 2^2 - n_{a-1} 2 \\
n_{a-1} &\leqq 2^{a-1} - n_1 2^{a-2} - n_2 2^{a-3} - \cdots - n_{a-3} 2^2 - n_{a-2} 2 \\
n_{a-2} &\leqq 2^{a-2} - n_1 2^{a-3} - n_2 2^{a-4} - \cdots - n_{a-3} 2 \\
&\vdots
\end{aligned}$$

$$n_2 \leqq 2^2 - n_1 2 \tag{3.5}$$
$$n_1 \leqq 2 \tag{3.6}$$

証明の仮定は条件 A が成り立つことであったから, 結局符号語長並びがクラフトの不等式を満たすとき, 上記不等式の系列がすべて成り立つことがいえた。この不等式の系列を式 (3.6) から逆順に使って瞬時に復号可能な符号を構成する手順を説明する。

n_1 は符号語長 1 の符号語の数である。不等式 (3.6) より符号語長 1 の符号語が 2 以下であることが保証されているから割り当てることができる。実際に n_1 個に情報源シンボルを割り当てたとする。長さ 1 の残りの系列は $2 - n_1$ 個であ

る。これらの後ろに 0, 1 を付け加えた長さ 2 の系列は $2(2-n_1) = 2^2 - n_1 2$ 個あり、これらに情報源シンボルを割り当てても語頭条件を維持する。不等式 (3.5) より符号語長 2 の符号語はそれ以下である保証があるので実際に n_2 個割り当てる。残りの長さ 2 の系列は $2^2 - n_1 2 - n_2$ 個であり、長さを 1 増やすと使える系列が 2 倍の $2^3 - n_1 2^2 - n_2 2$ 個となる。これを繰り返すことで語頭条件を満たしたまま符号語長 1 の符号語を n_1 個、符号語長 2 の符号語を n_2 個、...、符号語長 a の符号語を n_a 個割り当てることができる。この手順で瞬時に復号可能な符号を構成できることが示せた。ゆえに 条件 A ⇒ 条件 B は成り立つ。 □

> **例題 3.3** 表 3.1 の符号のうち、クラフトの不等式を満たしている $\mathcal{A}, \mathcal{C}$ それぞれについて不等式の系列
>
> 式 (3.2)
> 式 (3.3)
> ⋮
> 式 (3.6)
>
> に相当する系列を書け。実際に不等式が成り立っていることを示せ。

【解答】

符号 $\mathcal{A}$ 例 3.2 より $a = 2$ であり、符号語長分布は $n_1 = 0, n_2 = 4$ である。不等式の系列は

$$n_2 \leqq 4$$
$$n_1 \leqq 2$$

であり、不等式が成り立っていることがわかる。

符号 $\mathcal{C}$ 例 3.2 より $a = 4$ であり、符号語長分布は $n_1 = 1, n_2 = 1, n_3 = 1, n_4 = 1$ である。不等式の系列は

$$n_4 \leqq 2$$
$$n_3 \leqq 2$$
$$n_2 \leqq 2$$
$$n_1 \leqq 2$$

であり、不等式が成り立っていることがわかる。 ◇

3.3 一意に復号可能であるための必要条件

定理 3.1 の条件 A, B, C がたがいに同値であることを示すために最後に残ったパートは 条件 $C \Rightarrow$ 条件 A である。以下でこれを証明する。

補題 3.2 ある符号語長並び $(l_1, l_2, \ldots, l_q)$ について，クラフトの不等式を満たすことは一意に復号可能な符号が存在するための必要条件である。

証明 証明すべきことは「ある符号語長並び $(l_1, l_2, \ldots, l_q)$ の一意に復号可能な符号が存在する $\Rightarrow$ その符号語長並びはクラフトの不等式を満たす」である。

符号語長並び $(l_1, l_2, \ldots, l_q)$ の一意に復号可能な符号が存在することを仮定して最終的にクラフトの不等式を示す。

$$\sum_{i=1}^{q} \left(\frac{1}{2}\right)^{l_i} \leq 1$$

証明の方針を説明する。符号語長の最大値を a とすると，もしすべての正整数 n $(n = 1, 2, \ldots)$ について

$$\left(\sum_{i=1}^{q} \left(\frac{1}{2}\right)^{l_i}\right)^n \leq an \tag{3.7}$$

という式が成り立つことがいえたならば目的とすることが証明できることを背理法を使って説明する。式 (3.7) がすべての n で成立しているなら，背理法の仮定として最終目的であるクラフトの不等式の否定

$$\sum_{i=1}^{q} \left(\frac{1}{2}\right)^{l_i} > 1$$

を仮定すると，指数関数の増加率があらゆる多項式の増加率よりも大きいことからある大きな n の値で必ず

$$\left(\sum_{i=1}^{q} \left(\frac{1}{2}\right)^{l_i}\right)^n > an \tag{3.8}$$

となるはずである。これはすべての n で式 (3.7) が成立することと矛盾するため，背理法の仮定は正しくない，すなわち

$$\sum_{i=1}^{q} \left(\frac{1}{2}\right)^{l_i} \leq 1$$

がいえる。以上から式 (3.7) がすべての正整数 n で成り立つことをいえばよい。

式 (3.7) の左辺の総和を展開すると以下の和項のべき乗の式になる。

$$\left(\left(\frac{1}{2}\right)^{l_1} + \left(\frac{1}{2}\right)^{l_2} + \cdots + \left(\frac{1}{2}\right)^{l_q}\right)^n \tag{3.9}$$

ここで一般の和項の積について例を挙げて説明する。例えば

$$(x_1 + y_1) \times (x_2 + y_2) = x_1 x_2 + x_1 y_2 + y_1 x_2 + y_1 y_2$$

という展開は，図 3.4 に表されるように最初の和項のどれかから最後の和項のどれかに至る経路それぞれを積項としてすべての経路の和をとったものである。

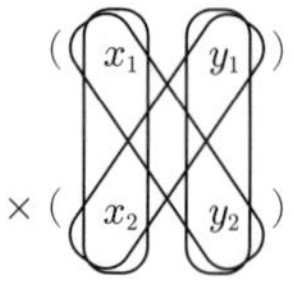

図 3.4　2×2 の場合の和項の積

式 (3.9) の q 個の和項の n 乗は図 3.5 の上から下へのすべての経路で積項を作り，和をとったものである。

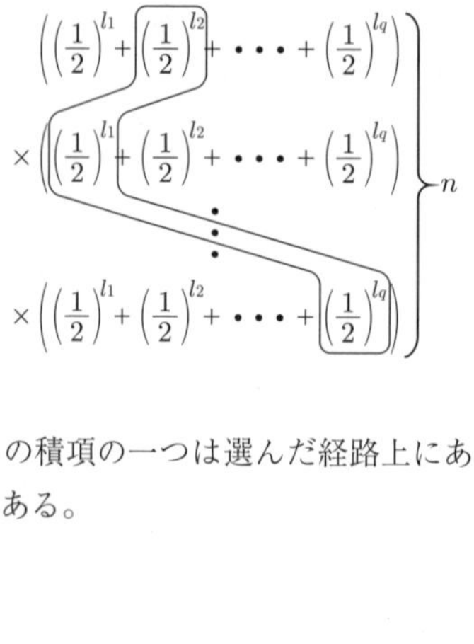

図 3.5　式 (3.9) 左辺の項

これらの積項の一つは選んだ経路上にある $(1/2)^{l_i}$ $(1 \leq i \leq q)$ を順に乗算したものである。

3.3 一意に復号可能であるための必要条件

$$\overbrace{\left(\frac{1}{2}\right)^{l_\circ} \cdot \left(\frac{1}{2}\right)^{l_\triangle} \cdot \cdots \cdot \left(\frac{1}{2}\right)^{l_\square}}^{n \text{個}}$$

これは $1/2$ のべき乗の形になる。

$$\left(\frac{1}{2}\right)^{\overbrace{l_\circ + l_\triangle + \cdots + l_\square}^{n \text{個}}}$$

式 (3.9) は選べる経路の総数が q^n であるから $1/2$ のべき乗の形の項 q^n 個の総和となる。

$$\left(\left(\frac{1}{2}\right)^{l_1} + \left(\frac{1}{2}\right)^{l_2} + \cdots + \left(\frac{1}{2}\right)^{l_q}\right)^n$$

$$= \underbrace{\left(\frac{1}{2}\right)^{l_\circ + l_\triangle + \cdots + l_\circ} + \cdots + \left(\frac{1}{2}\right)^{l_\triangle + l_\square + \cdots + l_\circ}}_{q^n \text{個の和}}$$

それぞれの項の $1/2$ の指数の部分の値に着目する。q^n 個のすべての項は $(1/2)^k$ の形になるが,指数の部分は任意の符号語長 n 個の和であるため,符号語長が 1 以上 a 以下であることから k は n から na までの整数である。別の経路のものであっても同じ k の値になるものがあり得るので,k の値が同じになる項をまとめて考える。指数の部分が k になる項の個数を c_k とすると,式 (3.9) は

$$\sum_{k=n}^{na} c_k \left(\frac{1}{2}\right)^k \tag{3.10}$$

と書ける。

c_k は指数の部分が k になる項の個数であった。これは n 個の任意の符号語の系列の長さの合計が k になるものの個数である (図 3.6)。

すなわち,情報源シンボルの n 個の系列を符号化した結果が k ビットになる場合の数であると考えることができる。ところが k ビットの 2 元系列は 2^k 通りであるため,c_k がこれを超えると長さ n の異なる情報源シンボルの系列のどれかが同じ 2 元系列に符号化される,すなわち一意に復号可能でなくなってしまう。これは一意に符号可能な符号が存在するという本証明の仮定である条件 C に反するため,以下の式が成り立つ。

$$c_k \leqq 2^k \tag{3.11}$$

40   3. 符号語長の制約

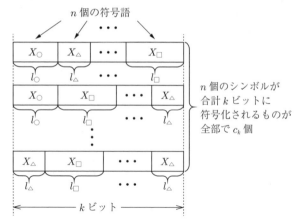

図 3.6 合計 k ビットに符号化される n シンボル

式 (3.10), (3.11) より以下の不等式が成り立つ。

$$\sum_{k=n}^{na} c_k \left(\frac{1}{2}\right)^k \leq \sum_{k=n}^{na} 2^k \left(\frac{1}{2}\right)^k = na - (n-1) \tag{3.12}$$

n は正整数だから $-(n-1)$ は負なので結局

$$\sum_{k=n}^{na} c_k \left(\frac{1}{2}\right)^k \leq na$$

この左辺は式 (3.9) を書き換えたものだから，目的であった

$$\left(\sum_{i=1}^{q} \left(\frac{1}{2}\right)^{l_i}\right)^n \leq an$$

がいえたため，証明が完成した。   □

例題 3.4 符号 $\mathcal{C}$ について $n = 2$ のときを考える。情報源シンボルが 2 個連続するとき，すべての組合せに対する符号語と $c_2, c_3, c_4, c_5, c_6, c_7, c_8$ を書け。

【解答】　情報源シンボル 2 個の組合せとそれに対する符号語を**表 3.5** に示す。
　2 個を組み合わせた符号語の長さは 2 から 8 で，それぞれの個数は
$c_2 = 1$, $c_3 = 2$, $c_4 = 3$, $c_5 = 4$, $c_6 = 3$, $c_7 = 2$, $c_8 = 1$

3.3 一意に復号可能であるための必要条件

表 3.5　2個のシンボルとその符号語

$s_1 s_1$　00	$s_1 s_2$　010	$s_1 s_3$　0110	$s_1 s_4$　01110
$s_2 s_1$　100	$s_2 s_2$　1010	$s_2 s_3$　10110	$s_2 s_4$　101110
$s_3 s_1$　1100	$s_3 s_2$　11010	$s_3 s_3$　110110	$s_3 s_4$　1101110
$s_4 s_1$　11100	$s_4 s_2$　111010	$s_4 s_3$　1110110	$s_4 s_4$　11101110

◇

定理 3.1 は自明な「条件 $B \Rightarrow$ 条件 C」と補題 3.1 による「条件 $A \Rightarrow$ 条件 B」，補題 3.2 による「条件 $C \Rightarrow$ 条件 A」，の完成により証明された．クラフトの不

Coffee Break ☕ 鳩の巣原理

図のように鳩の数が巣の数より多い場合，鳩がすべて巣に入ったとするとどれかの巣には必ず鳩が2羽以上入っています．

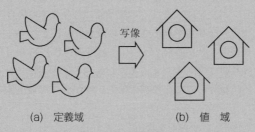

(a) 定義域　　　(b) 値域

図　鳩のほうが多い

これは鳩の巣原理といって，よく使われる強力な証明方法です．写像の言葉を使うと，定義域の要素数が値域の要素数よりも多い場合，同じ要素に写像されるペアが必ず存在する（単写にはなり得ない）ということです．この原理の面白いところはどのペアが同じ要素に写像されるのかを考えなくてもそんなペアが存在することがいえてしまう点です．

補題 3.2 の証明のクライマックスで鳩の巣原理が使われています．情報源シンボル n 個の系列の総数を鳩の数，k ビットの2元系列の総数を巣の数として，もし鳩の数が巣の数より多ければ単写にならない，すなわち 意に復号可能でなくなるのでダメ，よって鳩の数は巣の数を超えないということから式(3.11) を導き出しています．

等式が瞬時に復号可能な符号の存在に対する符号語長並びの必要十分条件であるのみならず一意に復号可能な符号の存在に対しても必要十分条件であることが示されたのは大きな意味がある。一意に復号可能な符号は瞬時に復号可能な符号より広い符号を含む集合であるが，一意に復号可能な符号で達成可能な符号語長並びは瞬時に復号可能な符号でも達成できることがわかったからである。符号語長の削減が目的であれば瞬時に復号可能な符号の範囲だけを検討してもよいということが保証されたのである。

章 末 問 題

【3.1】 10元情報源 $S = \{s_1, s_2, \ldots, s_{10}\}$ を2元符号に符号化する。以下の問に答えよ。

(1) 情報源シンボル s_1 を 00 に，s_2 を 01 に，符号化し，残りの 8 個のシンボルを同じ長さ l の符号語に符号化する場合，一意に復号可能な符号が存在するための l の最小値を答えよ。

(2) 情報源シンボル s_1 を 0 に，s_2 を 10 に，s_3 を 110 に，符号化し，残りの 7 個のシンボルを同じ長さ l' の符号語に符号化する場合，瞬時に復号可能な符号が存在するための l' の最小値を答えよ。

【3.2】 以下の文が正しいか否かを理由とともに述べよ。

(1) 符号語長並びが $(l_1, l_2, \ldots, l_q)$ の一意に復号可能な符号が存在しない場合，この符号語長並びの瞬時に復号可能な符号も存在しない。

(2) 符号語長並びが $(l_1, l_2, \ldots, l_q)$ の瞬時に復号可能な符号が存在しない場合，この符号語長並びの一意に復号可能な符号も存在しない。

(3) 符号語長並びが $(l_1, l_2, \ldots, l_q)$ のある符号が一意に復号可能でない場合，この符号語長並びの瞬時に復号可能な符号は存在しない。

(4) 符号語長並びが $(l_1, l_2, \ldots, l_q)$ のある符号が瞬時に復号可能でない場合，この符号語長並びの一意に復号可能な符号は存在しない。

4. 平均符号語長とハフマンの符号化

クラフトの不等式を満たすかどうかは瞬時に復号可能な符号，一意に復号可能な符号を作り得るかどうかを示しているだけで，ある符号化を行ったときの通信に必要なビット数が小さい大きいか，という議論を行うためには別の評価が必要である。与えられた情報源に対し，1シンボルごとに符号化を行う場合，平均符号語長が一意に復号可能な符号の中で最小であるような符号を構成する問題を考える。この問題は1952年にハフマン (D. A. Huffman) によって解かれた。ハフマンの符号化は一意に復号可能な符号の中で平均符号語長が最小なだけでなく，瞬時に復号可能な符号が得られるため，データ圧縮の基礎的な技術としてきわめて重要であり，現在もJPEG圧縮方式などで利用されている。本章ではハフマンの符号化アルゴリズムを説明し，得られる符号の平均符号語長が一意に復号可能な符号のうちで最小であることを示す。

4.1 「最適」な符号 ── 平均符号語長とコンパクト符号 ──

符号の優劣の尺度としてここでは情報源シンボル1個あたりに通信に必要となるビット数を用いる。符号は一意に復号可能な符号でなければ使いものにならないが，前章定理3.1で一意に復号可能な符号が存在するためには符号語のビット長はむやみに小さくはできず，クラフトの不等式と呼ばれる制約を満たす必要があることを示した。クラフトの不等式の左辺は $1/2$ を符号語長だけべき乗したものの和であるから符号語長を全体的に小さくしてゆくと不等式左辺

4. 平均符号語長とハフマンの符号化

の値は大きくなり，どこかで 1 を超えてクラフトの不等式が成立しないようになる。それでは左辺の値が上限の 1 に等しくなるように符号語長を選べば通信に必要なビット数は最小になるのだろうか。

例えば，4 元情報源 $S = \{s_1, s_2, s_3, s_4\}$ の固定長符号 $\mathcal{A}$（表 4.1）と可変長符号 $\mathcal{H}$（表 4.2）の符号語長並びはどちらもクラフトの不等式を満たし，左辺の値は 1 に等しい。

表 4.1 符号 $\mathcal{A}$

情報源シンボル	符号語
s_1	00
s_2	01
s_3	10
s_4	11

表 4.2 符号 $\mathcal{H}$

情報源シンボル	符号語
s_1	0
s_2	10
s_3	110
s_4	111

可変長符号の情報源シンボル 1 個あたりの通信に必要なビット数を求めるには情報源シンボルがどのような確率に従って発生するかの知識が必要である。情報源シンボル 1 個あたりに通信に必要となるビット数の期待値を**平均符号語長**（average codeword length）といい，以下のように定義する。

定義 4.1 情報源 $S = \{s_1, s_2, \ldots, s_q\}$ の各情報源シンボルの生起確率が $P(s_1) = P_1, P(s_2) = P_2, \ldots, P(s_q) = P_q$ であるとする。符号化に用いる符号の符号語長並びが $(l_1, l_2, \ldots, l_q)$ であるとき

$$L = \sum_{i=1}^{q} P_i l_i$$

を平均符号語長と呼ぶ。

平均符号語長は直接的には通信に必要なコストを見積もるために利用できるが，それだけではなくハフマンの符号化，シャノンの情報源符号化定理，情報量の概念へと発展するきわめて重要な意味をもつ。平均符号語長の例を以下に示す。

4.1 「最適」な符号 ―― 平均符号語長とコンパクト符号 ――

例 4.1 表 4.1 と表 4.2 の符号 $\mathcal{A}$ と符号 $\mathcal{H}$ について，情報源シンボルの生起確率が $P(s_1) = P(s_2) = P(s_3) = P(s_4) = 1/4$ のときは符号 $\mathcal{A}$ の平均符号語長は 2，符号 $\mathcal{H}$ の平均符号語長は

$$1 \cdot \frac{1}{4} + 2 \cdot \frac{1}{4} + 3 \cdot \frac{1}{4} + 3 \cdot \frac{1}{4} = 2.25$$

であるから符号 $\mathcal{A}$ の平均符号語長のほうが小さい．一方，生起確率が $P(s_1) = 1/2$, $P(s_2) = 1/4$, $P(s_3) = P(s_4) = 1/8$ の場合は符号 $\mathcal{A}$ の平均符号語長は 2，符号 $\mathcal{H}$ の平均符号語長は

$$1 \cdot \frac{1}{2} + 2 \cdot \frac{1}{4} + 3 \cdot \frac{1}{8} + 3 \cdot \frac{1}{8} = 1.75$$

であるから符号 $\mathcal{H}$ の平均符号語長のほうが小さい．

例 4.1 で示されるようにクラフトの不等式の上限になるように符号長を決めるだけでは平均符号語長が最小になるとは限らず，情報源シンボルの生起確率によってどちらの符号が優れている（平均符号語長が小さい）かが変化することがわかる．与えられた情報源と生起確率の条件の中で平均符号語長の尺度で最適な符号である**コンパクト符号**（compact code）を以下のように定義する．

定義 4.2 情報源 $S = \{s_1, s_2, \ldots, s_q\}$ とその生起確率 $P(s_1) = P_1$, $P(s_2) = P_2, \ldots, P(s_q) = P_q$ が与えられてたとき，一意に復号可能な符号のうち平均符号語長が最小のものをコンパクト符号という．

生起確率が 0 であるシンボルにはどんなに長い符号語を割り当てても平均符号語長は変わらない．これはコンパクト符号の性質を議論するときに本質的でない議論をする必要を生むので本章では生起確率はすべて正の値であると仮定する．

4.2 瞬時に復号可能なコンパクト符号を得るハフマンの符号化

コンパクト符号の定義は**一意に復号可能な符号**の範囲で平均符号語長が最小の符号であるが，3 章の主要な結果である定理 3.1 より一意に復号可能な符号の符号語長並びの必要十分条件は瞬時に復号可能な符号の必要十分条件と同一であるため，一意に復号可能なコンパクト符号が存在すれば平均符号語長がそれと等しい瞬時に復号可能なコンパクト符号が存在する。**ハフマンの符号化**（Huffman coding）は情報源とその生起確率が与えられたとき，瞬時に復号可能なコンパクト符号を構成する手続きである。コンパクト符号を構成することを証明する前にハフマンの符号化の手順を説明する。

ハフマンの符号化はまず情報源を生起確率の順に並べることから始める。このため，本章では情報源 $S = \{s_1, s_2, \ldots, s_q\}$ のシンボルは生起確率が大きいものから順に番号がつけられているとする。すなわち $P_1 \geq P_2 \geq \cdots \geq P_q$ であると仮定している。

情報源の事象のうち最も生起確率の小さい二つの事象を一つの事象とみなした情報源を作る手続きを**縮約**（reduction）という。生起確率の順に情報源シンボルに番号がつけられている前提では q 元情報源の縮約は以下の操作で行う。

1. q 元情報源 $S = \{s_1, s_2, \ldots, s_q\}$ のシンボルのうち番号が末尾の情報源シンボル s_{q-1}, s_q は最も生起確率の小さい 2 個の情報源シンボルである。それらを合併した新しいシンボルで置き換える。
2. 置き換えた合併後のシンボルの生起確率は合併前の二つのシンボルの生起確率の和 $P_{q-1} + P_q$ とする。
3. 得られた $q-1$ 元の情報源シンボルを生起確率の大きい順に順番をつけ直す。

| 例 4.2 | 図 4.1 は 5 元情報源を縮約して 4 元情報源を得る例である。

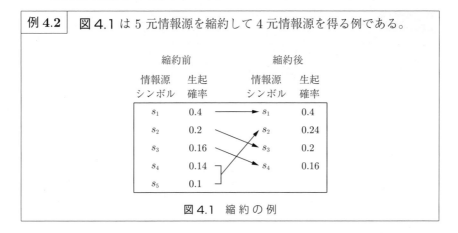

図 4.1 縮約の例

合併されなかった情報源シンボルも番号の変更があり得るので同じ番号の情報源シンボルが同じ事象に対応するとは限らない．例えば，図 4.1 の縮約前の s_1 に対応する事象は縮約後でも同じ番号の s_1 に対応しているが，縮約前の s_2 に対応する事象は縮約後では s_3 に対応している．

〔1〕 ハフマンの符号化第 1 ステップ　縮約を行うと情報源シンボルは 1 個減少する．ハフマンの符号化の第 1 ステップは情報源シンボルが 2 個になるまで縮約を行う手続きである．情報源 S に 1 回縮約を行った情報源を S_1，S_1 にさらに縮約を行った情報源を S_2 というように情報源シンボルの個数が 2 個になるまで縮約した情報源の系列を $S, S_1, S_2, \ldots, S_{q-2}$ とする．図 4.1 に続けて最後の S_3 まで縮約を行った様子を図 4.2 に示す．

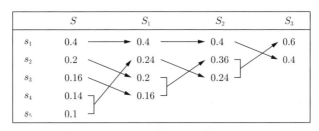

図 4.2 縮約による情報源の系列

4. 平均符号語長とハフマンの符号化

例題 4.1 6元情報源 $S = \{s_1, s_2, s_3, s_4, s_5, s_6\}$ のそれぞれの情報源シンボルの生起確率が $P(s_1) = 0.3$, $P(s_2) = 0.23$, $P(s_3) = 0.2$, $P(s_4) = 0.12$, $P(s_5) = 0.1$, $P(s_6) = 0.05$ であるとき, S に対してハフマンの符号化の第1ステップの縮約を行え。

【解答】 縮約の系列を図 4.3 に示す。

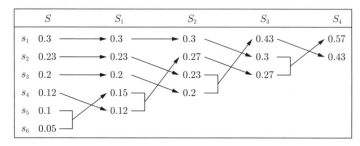

図 4.3 縮約の系列

◇

〔2〕**ハフマンの符号化第2ステップ** 縮約により得られた情報源の系列の最後の情報源 S_{q-2} から順に遡りながら符号を割り当てる。S_{q-2} の情報源シンボル数は s_1, s_2 の2個であるので符号語 $0, 1$ をそれぞれ割り当てる。どちらを割り当てるかは自由度があるがここでは番号の小さいほうに 0 を割り当てる。以降は縮約後の情報源 S_j に割り当てた符号から以下の手続きに従い一つ前の縮約前の情報源 S_{j-1} の符号語の割り当てを決める。S_1 の縮約前 S_0 は元の情報源 S とする。

［手続き］ S_{j-1} の情報源シンボルのうち, 縮約で合併されなかったものは S_j の対応するシンボルの符号を割り当てる。合併された情報源シンボル2個については合併後のものに対応する S_j の情報源シンボルに割り当てられた符号語の末尾に 0 を追加した符号語と 1 を追加した符号語をそれぞれ割り当てる。ここでも割り当てに自由度があるが本書では S_{j-1} の最後から2番目の番号のシンボルに 0 を, 最後の番号のシンボルに 1 を追加した符号語を割り当てる。

図 4.2 の縮約による情報源の系列に対して S_3 から順に S に遡って符号語

4.2 瞬時に復号可能なコンパクト符号を得るハフマンの符号化

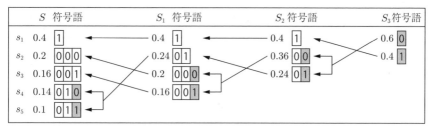

図 4.4 符号語の割り当て

の割り当てを行ったものを**図 4.4** に示す。ハフマンの符号化第 2 ステップの最終段階で得られた S への符号語の割り当てをハフマンの符号化の結果とする。

例題 4.2 例題 4.1 の続きで，情報源 S に対するハフマンの符号化の第 2 ステップを行い，得られた符号を答えよ。また，平均符号語長を求めよ。

【解答】 得られる符号の一つを**表 4.3** に示す。

表 4.3 解 答 例

情報源シンボル	符号語
s_1	00
s_2	10
s_3	11
s_4	011
s_5	0100
s_6	0101

平均符号語長は

$$L = 0.3 \cdot 2 + 0.23 \cdot 2 + 0.2 \cdot 2 + 0.12 \cdot 3 + 0.1 \cdot 4 + 0.05 \cdot 4 = 2.42$$

である。 ◇

情報源シンボルを生起確率の順に番号付けるとき，確率が同じシンボルの順番は任意とする。順番の選択の自由度は一般に縮約の過程，構成される符号語の符号語長分布に影響する。**図 4.5** と**図 4.6** は 5 元情報源で生起確率が $P_1 = 0.7$，$P_2 = 0.1$，$P_3 = 0.1$，$P_4 = 0.06$，$P_5 = 0.04$ の情報源を縮約する 2 通りの系

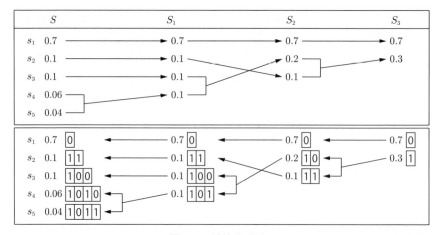

図 4.5　縮約の系列 1

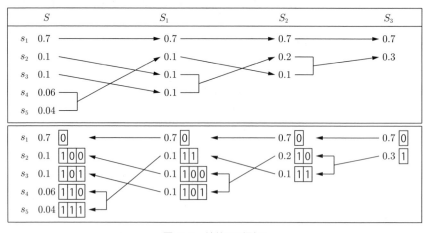

図 4.6　縮約の系列 2

列である．最初の縮約で作成した情報源シンボルを同確率のシンボルの下位においたものが系列 1，上位においたものが系列 2 である．

系列 1 で得られる符号語長並びは $(1,2,3,4,4)$，系列 2 で得られる符号語長並びは $(1,3,3,3,3)$ であり，符号語長分布は異なっている．しかし平均符号語長を計算してみると系列 1 の符号は

$$L = 0.7 \cdot 1 + 0.1 \cdot 2 + 0.1 \cdot 3 + 0.06 \cdot 4 + 0.04 \cdot 4 = 1.6$$

系列 2 の符号は

$$L = 0.7 \cdot 1 + 0.1 \cdot 3 + 0.1 \cdot 3 + 0.06 \cdot 3 + 0.04 \cdot 3 = 1.6$$

となり，等しいことがわかる。

4.3 ハフマンの符号化の結果がコンパクト符号であることの証明

2 分木（binary tree）と呼ばれるグラフの節点に情報源シンボルを対応させることでハフマンの符号化によって得られる符号の性質を理解しやすくなる。

図 4.7 は 2 分木の例である。この例のように 2 分木を図で表す場合は多くの場合**根**（root）と呼ばれる 1 個の節点を図の最も上の位置におく。節点から下に，最大 2 本の枝を伸ばしてその先に新しい節点をおくことができる。枝は左の枝か右の枝であり，1 個の節点から下へは，"枝が 1 本もない"，"左の枝だけ"，"右の枝だけ"，"左右の枝がある" の状態が許される。自分の下に枝がない節点を**葉**（葉接点，外部節点）（leaf, leaf node, external node）と呼び，それ以外の節点を**内部節点**（internal node）と呼ぶ。枝で結ばれた節点は上側の節点は下側の節点の**親**（parent），下側の節点は上側の節点の**子**（child）という。

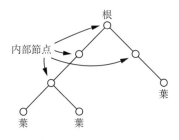

図 4.7　2 分木の例

2 分木の左の枝のラベルを 0，右の枝のラベルを 1 とする。節点に情報源シンボルを割り当て，根からそのシンボルへ至る経路上の枝のラベルを順に連接

情報源シンボル	符号語
s_1（晴）	0
s_2（曇）	10
s_3（雨）	110
s_4（雪）	1110

(a) 符号 $\mathcal{C}$

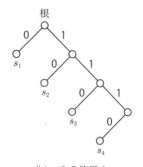

(b) $\mathcal{C}$ の符号木

図 4.8 符号 $\mathcal{C}$ とその符号木

したものをその情報源シンボルの符号語とするような木を**符号木**（code tree）と呼ぶ．図 4.8 は符号 $\mathcal{C}$ とその符号木である．

ハフマンの符号化第 2 ステップは縮約の系列を逆に辿ることで符号木を成長させることに対応していることは注目に値する．図 4.9 は図 4.5 の縮約の系列と対応して 2 分木を構成している最初の部分である．まず，縮約の系列の最後の情報源 S_3 に対応する最初の木を作るが，これは根から左に 0，右に 1 の枝を伸ばして葉を左右に作成する．左に S_3 で 0 が割り当てられている情報源シンボル s_1 を割り当て，右に S_3 で 1 が割り当てられている s_2 を割り当てて S_3 の符号木を作る．

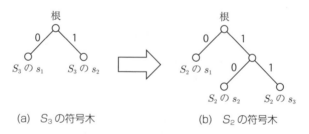

(a) S_3 の符号木   (b) S_2 の符号木

図 4.9 木 の 成 長

つぎに，S_2 の符号木を作る．S_3 の情報源シンボルのうち合成によって作られたシンボルは s_2 なのでこれを内部節点で置き換え，左に 0，右に 1 の枝を伸ばして葉を作り，木を成長させる．できた木に S_2 の符号語の割り当てに従っ

4.3 ハフマンの符号化の結果がコンパクト符号であることの証明

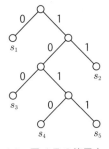
(a) 図 4.5 の符号木

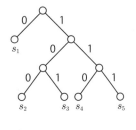
(b) 図 4.6 の符号木

図 4.10 図 4.5, 4.6 の符号木

て s_2 のシンボルを割り当てている。図 4.5 と図 4.6 の縮約に対応する符号木を完成させたものをそれぞれ図 4.10 (a) と (b) に示す。

ハフマンの符号化ではどの縮約の段階に対する符号木も葉に一対一に情報源シンボルが割り当てられ，内部節点には割り当てられないことが構成法からわかる。内部接点にシンボルが割り当てられないことは瞬時に復号可能であることの必要十分条件であるという以下の定理が成り立つ。

定理 4.1 内部節点に情報源シンボルが割り当てられない符号木で表される符号は瞬時に復号可能である。逆に瞬時に復号可能な符号は内部節点に情報源シンボルが割り当てられない符号木で表現できる。

証明 ある符号語の接頭語は根からその符号語が割り当てられた情報源シンボルに向かう経路を途中で止めた系列であるから，内部節点に情報源シンボルが割り当てられないということはすべての符号語について接頭語がほかの符号語になることがない，すなわち語頭条件を満たしていることを示す。つまり，内部節点に情報源シンボルが割り当てられない符号木は瞬時に復号可能な符号を表す。逆に瞬時に復号可能な符号の符号語を 1 ビット目から 0 のものは左，1 のものは右に分類してゆくことで 2 分木に符号語を割り当てることができ，瞬時に復号可能なことから内部節点に割り当てられないこともいえる。 □

定理 4.1 からただちに以下のことがいえる。

系 4.1 ハフマンの符号化の過程の縮約された情報源に対する符号は瞬時に復号可能である。

証明 ハフマンの符号化は内部節点に情報源シンボルを割り当てない符号木を作るため定理 4.1 からいえる。 □

ハフマンの符号化により瞬時に復号可能なコンパクト符号が得られることを証明する前にいくつか必要な補題を証明する。つぎの補題はコンパクト符号の符号語長が情報源シンボルの生起確率の大きさの逆順になることを示すものである。

補題 4.1 情報源シンボル $S = \{s_1, s_2, \ldots, s_q\}$ が生起確率の降順に並んでいる,すなわち $P_1 \geq P_2 \geq \cdots \geq P_q$ であるとき,コンパクト符号の符号語長は $l_1 \leq l_2 \leq \ldots \leq l_q$ である。

証明 ある m, n が補題の結論に違反している,すなわち $m < n$ である添字 m, n について $l_m > l_n$ であるとする。s_m, s_n の符号語を入れ替えると,入れ替え前と入れ替え後の平均符号語長の差は,入れ替えなかった符号の生起確率と符号語長が同じことから

$$P_m l_m + P_n l_n - (P_m l_n + P_n l_m)$$
$$= (P_m - P_n)(l_m - l_n) > 0$$

となる。入れ替えによって平均符号語長が小さくなるので入れ替え前がコンパクト符号であることに反する。よって m, n $(m < n)$ について $l_m > l_n$ であるものは存在しないから補題の結論が示された。 □

続いて,瞬時に復号可能なコンパクト符号の符号木に関する補題をいくつか証明しておく。根から節点 v への道の長さを v の**レベル** (level) と呼ぶ。

補題 4.2 瞬時に復号可能なコンパクト符号の符号木の最もレベルの大きな節点は兄弟の葉節点をもつ。

4.3 ハフマンの符号化の結果がコンパクト符号であることの証明

図 4.10 (a) の最大レベルは 4 でそのレベルの節点は s_4, s_5, 図 (b) の最大レベルは 3 でそのレベルの節点は s_2, s_3, s_4, s_5 でいずれも兄弟をもつ。一方，図 4.8 (b) の最大レベルは 4 でその接点は s_4 で兄弟をもたない。瞬時に復号可能なコンパクト符号の符号木は図 4.8 のような形にはならない，という補題である。

証明 最大レベルを l とし，レベル l のある節点 v が兄弟の葉節点をもたないとし，それに対応する情報源シンボルを s_i とする。v は最大レベルの節点なので内部節点の兄弟をもつこともない（図 4.11）。

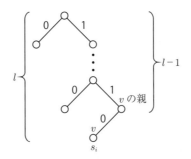

図 4.11 最大レベル節点に兄弟の存在しない場合

瞬時に復号可能な符号の符号木であるから内部節点である v の親節点に情報源シンボルは対応づけられていないのでこれに s_i を対応させ，v を削除しても内部節点にシンボルが割り当てられない符号木になる。この変更で平均符号語長は $P_i l - P_i(l-1) = P_i$ だけ小さくなる。これは変更前がコンパクト符号であるという仮定に反するため，最大のレベルの節点は必ず兄弟の葉節点をもつことがいえた。 □

重要な補題である補題 4.4 で必要となるつぎの補題を証明する。

補題 4.3 情報源シンボル $S = \{s_1, s_2, \ldots, s_q\}$ が生起確率の降順に並んでいる，すなわち $P_1 \geq P_2 \geq \cdots \geq P_q$ であるとき，瞬時に復号可能なコンパクト符号で s_{q-1}, s_q の符号語が最後のビットのみが異なるものが存在する。

証明 図4.12のように，根から兄弟の節点への経路は最後の枝が違うだけなので，符号木の兄弟の節点に割り当てられた情報源シンボルの符号語は最後のビットのみ異なる。s_{q-1}, s_q が兄弟の節点に割り当てられるような瞬時に復号可能なコンパクト符号の符号木が存在することをいえばよい。

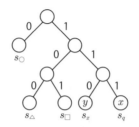

図 4.12　s_q に割り当てられた葉の兄弟

瞬時に復号可能なコンパクト符号の符号木を考えると，補題 4.1 により s_q の符号語長は符号の中で最大であるから，符号木の最も大きいレベルの節点のどれかに s_q は割り当てられている。この節点を x とする。補題 4.2 で x に兄弟の葉節点が存在することが保証されているのでこれを y とする（図 4.12）。

y に割り当てられた情報源シンボルの符号語は x と兄弟であることから s_q の符号語と等しい符号語長をもつ。s_q の符号語と等しい符号語長の符号語が少なくとももう一つあるのだから，補題 4.1 により s_{q-1} の符号語の符号語長は s_q の符号語のものと等しい。

s_{q-1} が y に割り当てられていない場合，s_{q-1} が割り当てられていた節点と y とで情報源シンボルの割り当てを交換する。s_{q-1} の符号語は y に割り当てられた情報源シンボルの符号語と符号語長が等しいので交換後も平均符号語長は同じである。このため，交換後の符号木も瞬時に復号可能なコンパクト符号の符号木である。このようにして s_{q-1} と s_q が兄弟の節点に割り当てられた瞬時に復号可能なコンパクト符号の符号木を作ることができるため，補題は証明された。　□

これらの補題からハフマンの符号化で瞬時に復号可能なコンパクト符号が得られることを証明する。どんな情報源から縮約を開始しても縮約の系列の最後の情報源に割り当てられる符号 $s_1 = 0$, $s_2 = 1$ は瞬時に復号可能なコンパクト符号であることに注意すると

- 縮約の系列の最後の情報源に割り当てられる符号は瞬時に復号可能なコンパクト符号である。

4.3 ハフマンの符号化の結果がコンパクト符号であることの証明

- ハフマンの符号化の第2ステップで縮約された情報源の系列へ割り当てられる符号は瞬時に復号可能な符号である。

ことはすでに示されている。あとは第2ステップの各段階でコンパクト性が維持されればよいので以下の補題を示せば証明は完了する。

補題 4.4 ハフマンの符号化の第2ステップで縮約を S_j から S_{j-1} へ1段階遡る手続きを行うとき，S_j に割り当てられた符号がコンパクト符号であれば S_{j-1} に割り当てられる符号もコンパクト符号である。

証明 ハフマンの符号化により S_{j-1}, S_j に割り当てられる符号をそれぞれ C_{j-1}, C_j とし，それぞれの平均符号語長を L_{j-1}, L_j とする。背理法により証明するので，C_j がコンパクト符号であるが C_{j-1} がコンパクト符号でないと仮定する。

まず C_{j-1} と C_j の平均符号語長の差を考えよう。ハフマンの符号化の第1ステップで S_{j-1} の最後の二つの情報源シンボル s_{q-j}, s_{q-j+1} を合併した S_j のシンボルを s_α とする。ハフマンの符号化の第2ステップで C_j から C_{j-1} を構成する様子を図4.13に示す。

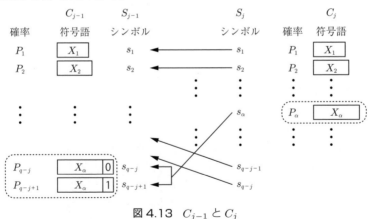

図 4.13 C_{j-1} と C_j

平均符号語長は情報源シンボルの生起確率と符号語長の組合せで決まるが，符号 C_{j-1} と C_j について異なるのは図4.13の破線で囲んだ部分のみで，ほかの部分の組合せは同一である。S_j のシンボル s_α に対する C_j の符号語を X_α とし，符号語長を l_α とする。縮約後の S_j のシンボル s_α の生起確率が縮約前の

S_{j-1} のシンボル s_{q-j} と s_{q-j+1} の生起確率の和 $P_{q-j} + P_{q-j+1}$ であることに注意すると，平均符号語長 L_{j-1} と L_j の差について以下の式が成り立つ．

$$L_{j-1} - L_j = P_{q-j}(l_\alpha + 1) + P_{q-j+1}(l_\alpha + 1) - (P_{q-j} + P_{q-j+1})l_\alpha$$
$$= (P_{q-j} + P_{q-j+1})$$

結局，以下がいえる．

$$L_{j-1} = L_j + (P_{q-j} + P_{q-j+1}) \tag{4.1}$$

Coffee Break ☕ 理論と現実

デジタルデータを元のデータに戻せるという条件でデータのサイズを小さくすることを可逆圧縮といいます．理論的に最も平均符号語長が小さくなるハフマンの符号化を使えば最良の可逆圧縮が行えるはずです．しかしそれにはこれから圧縮するデータのシンボルの生起確率がわかっていて完全にそれに従って出現する場合，という注釈がつきます．事前に生起確率がわかるケースは一般的な英文テキストを圧縮する，など限られた場合だけで，一般のファイルを圧縮する場合，これから圧縮するデータのシンボルの生起確率はわからないケースがほとんどです．

ハフマンの符号化は実際に可逆圧縮に使われますが，生起確率が事前にわからない問題に対処するため

- 一度全データをスキャンして生起確率を調べて符号木を作り，2パス目でその符号木の符号を使って符号化を行い，符号木と符号化後のデータを合わせて圧縮結果とする手法（静的ハフマン符号化）．
- 1パスでスキャンしながら生起確率を更新し，符号木も更新しながら符号化を行い，符号化後のデータのみを圧縮結果とする手法（適応型ハフマン符号化）．

などの手法があります．適応型ハフマン符号化は符号化後のデータに符号木を含みません．符号化後のデータを受け取るごとに受信側も送信側と同じ計算を逐次行って送信側と同じ符号木を計算することで復号します．これにより，ストリーミングなどに対応することができますが最初のほうの符号木は生起確率の十分な情報がないために圧縮の効率が悪い可能性があります．

単純化したモデルに基づいた理論ではスッキリ証明で決着がついても現実に利用するにはいろいろな工夫が必要になります．

4.3 ハフマンの符号化の結果がコンパクト符号であることの証明

一方，背理法の仮定より C_{j-1} が S_{j-1} のコンパクト符号でないと仮定しているため，S_{j-1} の瞬時に復号可能なコンパクト符号が存在することになる．C'_{j-1} を補題 4.3 より存在が保証されている，S_{j-1} の情報源シンボルのうち最後の二つのシンボル s_{q-j}, s_{q-j+1} の符号語が最後のビットのみ異なる瞬時に復号可能なコンパクト符号とし，その平均符号語長を L'_{j-1} とすると

$$L'_{j-1} < L_{j-1} \tag{4.2}$$

である．S_{j-1} の最後の二つのシンボル s_{q-j}, s_{q-j+1} の符号語は最後のビットを除けば同じ系列で，これを系列を X'_α とし，系列の長さを l'_α とする．

証明の方針はこの符号 C'_{j-1} を利用して C_j よりも平均符号語長が小さい S_j の瞬時に復号可能な符号 C'_j を構成できてしまうことをいい，C_j がコンパクト符号であることとの矛盾を示す．

C'_{j-1} から C'_j を構成する手順はハフマンの符号化と縮約に対応する以下の方法で行う．

- S_j の情報源シンボルのうち，s_α は S_{j-1} の s_{q-j} と s_{q-j+1} を縮約したシンボルである．C'_{j-1} の s_{q-j} と s_{q-j+1} の符号語の最後のビットを除いた共通部分の X'_α を C'_j の s_α の符号語とする．
- S_j のそれ以外の情報源シンボルに対する C'_j 符号語は対応する S_{j-1} のシンボルに対応する C'_{j-1} の符号語とする．

この割り当ての様子を示したものが図 4.14 で，ちょうど図 4.13 の逆となり，こうして構成した符号 C'_j が瞬時に復号可能であることもわかる．

C'_{j-1} と C'_j の平均符号語長の差も C_{j-1} と C_j の平均符号語長の差と同様，図

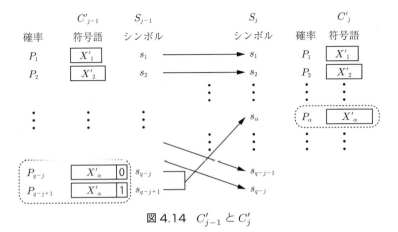

図 4.14 　C'_{j-1} と C'_j

4.14の破線の部分以外は同一なので以下の式が成り立つ。

$$L'_{j-1} - L'_j = P_{q-j}(l'_\alpha + 1) + P_{q-j+1}(l'_\alpha + 1) - (P_{q-j} + P_{q-j+1})l'_\alpha$$
$$= (P_{q-j} + P_{q-j+1})$$

結局，以下がいえる。

$$L'_{j-1} = L'_j + (P_{q-j} + P_{q-j+1}) \tag{4.3}$$

式 (4.2) に式 (4.1)，式 (4.3) を代入することで

$$L'_j < L_j \tag{4.4}$$

となる。これは C_j がコンパクト符号であることに矛盾するので背理法により S_j に割り当てられた符号がコンパクト符号であれば S_{j-1} に割り当てられる符号もコンパクト符号であることが証明された。 □

ここまでの議論により以下の定理が証明できた。

定理 4.2 ハフマンの符号化により瞬時に復号可能なコンパクト符号が得られる。

章末問題

【4.1】 無記憶 6 元情報源 $S = \{s_1, s_2, s_3, s_4, s_5, s_6\}$ の各情報源シンボルの生起確率が $P(s_1) = 0.4$，$P(s_2) = 0.2$，$P(s_3) = 0.15$，$P(s_4) = 0.13$，$P(s_5) = 0.07$，$P(s_6) = 0.05$ であるとする。以下の問に答えよ。
  (1) S の 2 元コンパクト符号を一つ示せ。
  (2) 求めたコンパクト符号の平均符号語長を求めよ。
  (3) 等長符号で符号化する場合の符号語長の最小値と比較して，(1) で求めたコンパクト符号を使うことで平均何％の符号シンボル数を削減できるか答えよ。

【4.2】 情報源 $S = \{s_1, s_2, \ldots, s_q\}$ の生起確率について，$P_i \geqq 2P_{i+1}$（ただし，$1 \leqq i \leqq q-1$）であれば，コンパクト符号の符号語長の最大値が $q-2$ であることを証明せよ。

5. エントロピーと情報量

　情報源のエントロピーと呼ばれる量が情報源の出力系列を 1 シンボルごとに符号化する場合の平均符号語長の下界を与えることを示す．また，情報源シンボルをまとめて符号化することで情報源シンボル 1 個あたりの平均符号語長を下界であるエントロピーに漸近させられることを示す．
　これがシャノンによる有名な情報源符号化定理であり，情報源のエントロピーの値がその情報源のもつ情報の量を表していると考える根拠となっている．

5.1 平均符号語長の下界とエントロピー

平均符号語長の下界を示すために有用な補題をいくつか証明する．

補題 5.1　正の実数 x に対して自然対数 ln は不等式

$$\ln x \leqq x - 1 \tag{5.1}$$

を満たす．等号は $x = 1$ のとき，かつそのときのみ成立する．

　不等式 (5.1) は直感的には図 5.1 において直線 $y = x - 1$ は $y = \ln x$ と $x = 1$ で接し，それ以外では上方にあることから理解できる．

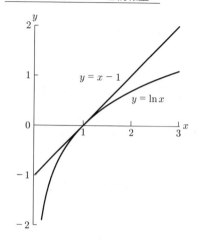

図 5.1　$\ln x$ と $x-1$

証明　不等式 (5.1) の右辺から左辺を引いた関数 $f(x) = x - 1 - \ln x$ とその導関数 $f'(x) = 1 - 1/x$ から増減表を作成して不等式が成立すること，等号成立が $x = 1$ のときかつそのときのみであることを確認できる．増減表を表 5.1 に示す．

表 5.1　$f(x) = x - 1 - \ln x$ の増減表

x	$0 < x < 1$	1	$1 < x$
$f'(x)$	$-$	0	$+$
$f(x)$	↘	0	↗

□

本書では底を省略して $\log$ と書いた場合の底は 2 とする．以下の補題は平均符号語長の下界を与えるために重要な役割を果たす．ただし，これ以降 0 でない定数 y に対して

$$0 \log 0 = 0 \tag{5.2}$$

$$0 \log \frac{y}{0} = 0 \tag{5.3}$$

と定義する．これは関数 $x \log x$ と関数 $x \log y/x$ の x を 0 に近づけたときの極限値である．

補題 5.2　q 個の非負の実数の数列 $x_1, x_2, \ldots, x_q$ と q 個の正の実数の数列 $y_1, y_2, \ldots, y_q$ について

$$\sum_{i=1}^{q} y_i \leqq \sum_{i=1}^{q} x_i \tag{5.4}$$

のとき，不等式

$$\sum_{i=1}^{q} x_i \log \frac{y_i}{x_i} \leqq 0 \tag{5.5}$$

が成り立つ。等号はすべての $i\,(1 \leqq i \leqq q)$ について $x_i = y_i$ のとき，かつそのときのみ成立する。

証明　式 (5.5) 左辺の底を式 (5.1) が使えるように自然対数の底に変換すると

$$\sum_{i=1}^{q} x_i \log \frac{y_i}{x_i} = \sum_{i=1}^{q} x_i \frac{\ln \frac{y_i}{x_i}}{\ln 2}$$
$$= \frac{1}{\ln 2} \sum_{i=1}^{q} x_i \ln \frac{y_i}{x_i} \tag{5.6}$$

となる。

式 (5.6) の $x_i \ln y_i / x_i$ の値を考える。x_i は非負の実数であるが，$x_i > 0$ であるような i については式 (5.1) より

$$x_i \ln \frac{y_i}{x_i} \leqq x_i \left(\frac{y_i}{x_i} - 1 \right) \tag{5.7}$$
$$= y_i - x_i$$

$x_i = 0$ であるような i については

$$x_i \ln \frac{y_i}{x_i} = \frac{1}{\log e} x_i \log \frac{y_i}{x_i}$$

式 (5.3) より $x_i = 0$ のとき $x_i \log y_i / x_i = 0$ だから

$$x_i \ln \frac{y_i}{x_i} = 0 \tag{5.8}$$

y_i は正の実数だから，$x_i = 0$ のときは

$$x_i \ln \frac{y_i}{x_i} = 0 < y_i - x_i \tag{5.9}$$

なので，x_i が 0, 正の値のいずれの場合でも

$$x_i \ln \frac{y_i}{x_i} \leq y_i - x_i$$

が成り立つ．結局，式 (5.6) から

$$\sum_{i=1}^{q} x_i \log \frac{y_i}{x_i} \leq \frac{1}{\ln 2} \sum_{i=1}^{q} (y_i - x_i) \tag{5.10}$$

がいえる．和を分割することで

$$\frac{1}{\ln 2} \sum_{i=1}^{q} (y_i - x_i) = \frac{1}{\ln 2} \left(\sum_{i=1}^{q} y_i - \sum_{i=1}^{q} x_i \right)$$

となる．補題 5.2 の仮定 (5.4) より，これは 0 以下である．結局

$$\sum_{i=1}^{q} x_i \log \frac{y_i}{x_i} \leq 0 \tag{5.11}$$

がいえた．

等号成立条件を考察する．x_i $(1 \leq i \leq q)$ のうち $x_i = 0$ のものが含まれるケースでは式 (5.9) が等号を含まないために等号は成立しない．$x_i > 0$ $(1 \leq i \leq q)$ のケースでは式 (5.7) での不等号導入に着目すると，すべての i $(1 \leq i \leq q)$ について

$$\frac{y_i}{x_i} = 1$$

のときかつそのときのみ等号が成立することがいえる．結局，すべての i $(1 \leq i \leq q)$ について $x_i = y_i$，つまり数列が完全に一致するときかつそのときのみ等号が成立する． □

補題 5.2 よりつぎの平均符号語長の下界を与える定理を導き出すことができる．

定理 5.1 情報源シンボルが $\{s_1, s_2, \ldots, s_q\}$，それぞれの生起確率が $P(s_1) = P_1, P(s_2) = P_2, \ldots, P(s_q) = P_q$ である情報源 S に対する一意に復号可能な符号の平均符号語長は

$$\sum_{i=1}^{q} P_i \log \frac{1}{P_i} \tag{5.12}$$

5.1 平均符号語長の下界とエントロピー

以上である。平均符号語長が式 (5.12) と等しくなるのは，符号語長並びを $(l_1, l_2 \ldots l_q)$ とすると，すべての i について

$$P_i = \left(\frac{1}{2}\right)^{l_i}$$

であるとき，かつそのときのみである。

証明 一意に復号可能な符号の符号語長並び $(l_1, l_2, \ldots, l_q)$ から正の実数の数列

$$Q_i = \left(\frac{1}{2}\right)^{l_i} \ (1 \leq i \leq q)$$

を構成する。定理 3.1 よりクラフトの不等式を満たすことから系列 Q_i の和は 1 以下である。

$$\sum_{i=1}^{q} Q_i = \sum_{i=1}^{q} \left(\frac{1}{2}\right)^{l_i} \leq 1$$

数列 P_i は情報源 S の情報源シンボルの生起確率であるからそれぞれは非負の値で和が 1 となり

$$\sum_{i=1}^{q} Q_i \leq \sum_{i=1}^{q} P_i$$

が成り立つ。補題 5.2 の条件を満たしているので不等式

$$\sum_{i=1}^{q} P_i \log \frac{Q_i}{P_i} \leq 0 \tag{5.13}$$

が成り立つ。等号成立条件は

$$\text{すべての } i \ (1 \leq i \leq q) \text{ で } P_i = Q_i \tag{5.14}$$

であるとき，かつそのときのみである。

式 (5.13) を平均符号語長

$$L = \sum_{i=1}^{q} P_i l_i$$

の条件を導き出す目的で変形する。式 (5.13) より

$$\sum_{i=1}^{q} P_i \log \frac{\left(\frac{1}{2}\right)^{l_i}}{P_i} \leqq 0$$

$$\sum_{i=1}^{q} P_i \left(\log \frac{1}{P_i} + \log \left(\frac{1}{2}\right)^{l_i}\right) \leqq 0$$

$$\sum_{i=1}^{q} P_i \log \frac{1}{P_i} + \sum_{i=1}^{q} P_i \log \left(\frac{1}{2}\right)^{l_i} \leqq 0$$

$$\sum_{i=1}^{q} P_i \log \frac{1}{P_i} + \sum_{i=1}^{q} P_i \log \left(2^{-1}\right)^{l_i} \leqq 0$$

$$\sum_{i=1}^{q} P_i \log \frac{1}{P_i} + \sum_{i=1}^{q} P_i \log 2^{-l_i} \leqq 0$$

$$\sum_{i=1}^{q} P_i \log \frac{1}{P_i} + \sum_{i=1}^{q} P_i (-l_i \log 2) \leqq 0$$

$$\sum_{i=1}^{q} P_i \log \frac{1}{P_i} \leqq \sum_{i=1}^{q} P_i l_i \tag{5.15}$$

が得られる。

式 (5.15) 右辺は平均符号語長 L であり，定理 5.1 の不等式が証明された。等号成立条件は式 (5.14) よりすべての i で

$$P_i = Q_i = \left(\frac{1}{2}\right)^{l_i}$$

であるとき，かつそのときのみである。 □

1 章で示した表 1.4 の大阪について定理 5.1 が成り立っていることをつぎの例で確認する。

例 5.1 表 1.4 の大阪の天気について式 (5.12) の値は以下である。

$$\sum_{i=1}^{q} P_i \log \frac{1}{P_i}$$
$$= \frac{1}{2} \log 2 + \frac{1}{4} \log 4 + \frac{1}{8} \log 8 + \frac{1}{8} \log 8$$
$$= 1.75$$

この情報源は生起確率がすべて 1/2 のべき乗の形をしているので等号成立条件を満たしている.

$$P_1 = \frac{1}{2} = \left(\frac{1}{2}\right)^1$$
$$P_2 = \frac{1}{4} = \left(\frac{1}{2}\right)^2$$
$$P_3 = \frac{1}{8} = \left(\frac{1}{2}\right)^3$$
$$P_4 = \frac{1}{8} = \left(\frac{1}{2}\right)^3$$

符号語長並びが $(1, 2, 3, 3)$ の符号を用いると平均符号語長が式 (5.12) に等しい符号になる. 例えば, 晴を 0, 曇を 10, 雨を 110, 雪を 111 とする瞬時に復号可能な符号が存在し, 平均符号語長は

$$L = \frac{1}{2} \cdot 1 + \frac{1}{4} \cdot 2 + \frac{1}{8} \cdot 3 + \frac{1}{8} \cdot 3$$
$$= 1.75$$

であり, 式 (5.12) に等しいことが確認できる.

式 (5.12) は平均符号語長の下界である. これは情報源 S のエントロピー (entropy) と呼ばれ, 以下のように定義する.

定義 5.1 情報源シンボルが $S = \{s_1, s_2, \ldots, s_q\}$ である情報源 S について以下の $H(S)$ で表される量を情報源のエントロピーと呼ぶ.

$$H(S) \triangleq \sum_{i=1}^{q} P(s_i) \log \frac{1}{P(s_i)}$$

定理 5.1 をエントロピー $H(S)$, 平均符号語長 L を使って書き直すと以下のようになる.

定理 5.2　情報源 S の一意に復号可能な符号の平均符号語長 L は

$$H(S) \leqq L \tag{5.16}$$

を満たす。等号が成立するのは符号語長並びを $(l_1, l_2 \ldots l_q)$ とするとすべての i について

$$P(s_i) = \left(\frac{1}{2}\right)^{l_i}$$

であるとき，かつそのときのみである。

例題 5.1　例 4.2 の情報源にハフマンの符号化を行った結果が図 4.4 である。S の生起確率と割り当てられた符号語から $H(S)$, L を求め，定理 5.2 が成り立っていることを確認せよ。

【解答】

$$\begin{aligned}
H(S) &= 0.4\log\frac{1}{0.4} + 0.2\log\frac{1}{0.2} + 0.16\log\frac{1}{0.16} \\
&\quad + 0.14\log\frac{1}{0.14} + 0.1\log\frac{1}{0.1} \\
&= 2.15
\end{aligned}$$

$$\begin{aligned}
L &= 0.4 \times 1 + 0.2 \times 3 + 0.16 \times 3 + 0.14 \times 3 + 0.1 \times 3 \\
&= 2.2
\end{aligned}$$

$H(S) \leqq L$ なので定理 5.2 が成り立っている。　

5.2　平均符号語長の下界を達成できる条件

無記憶情報源とその一意に復号可能な符号について一般に定理 5.2 の不等式が成り立ち，平均符号語長の下界を与えている。例 5.1 は等号が成立しているため平均符号語長の下界を達成できている情報源と符号であるが，例題 5.1 は

5.2 平均符号語長の下界を達成できる条件　69

等号が成立しない，すなわち平均符号語長の下界を達成できていない情報源と符号である．どんな場合に下界を達成できるのかを考察する．定理 5.2 の等号成立条件はすべての $i\,(1 \leq i \leq q)$ について

$$P(s_i) = \left(\frac{1}{2}\right)^{l_i}$$

であるとき，かつそのときのみである．$l_1, l_2, \ldots, l_q$ は符号語長であるから正の整数であり，これは情報源のシンボル生起確率 $P(s_1), P(s_2), \ldots, P(s_q)$ はすべて 1/2 のべき乗でなければならないことを意味している．

逆に $P(s_1), P(s_2), \ldots, P(s_q)$ がすべて 1/2 のべき乗であったとする．それぞれを

$$P(s_i) = \left(\frac{1}{2}\right)^{m_i} \quad (1 \leq i \leq q,\ m_i は整数)$$

と書くと，$P(s_i)$ は生起確率だから

$$\sum_{i=1}^{q} P(s_i) = 1$$

であるため，$(m_1, m_2, \ldots, m_q)$ をそのまま符号語長並びとした場合にクラフトの不等式を満たすことからそのような符号語長並びの瞬時に復号可能な符号が存在し，その符号の平均符号語長は下界に等しい．表 1.4 と表 1.5 の情報源のシンボル生起確率はすべて 1/2 のべき乗になっているため，平均符号語長が下界であるエントロピーの値と等しい瞬時に復号可能な符号が存在する．実際に，短い符号語から語頭条件を満たすように割り当ててゆくことで具体的な符号を構成できる．

上記は生起確率がすべて 1/2 のべき乗の形という特殊なケースで，そうでない場合はどんな一意に復号可能な符号化を行っても平均符号語長は下界である情報源のエントロピーの値よりも大きい値となる．次節で述べる情報源の拡大に対する符号化を行うことで情報源シンボル 1 個あたりの平均符号語長を下界に近づけることができる．

5.3 まとめて符号化して通信効率を改善 —— 情報源の拡大 ——

情報源を何個かまとめたものを新たな情報源と考えることを情報源の拡大という。拡大後の情報源シンボルの生起確率は拡大前の情報源の対応する情報源シンボルの生起確率から求める。n 文字をまとめた情報源を情報源の n 次拡大という。まず，2 次拡大の例を説明する。

例 5.2 情報源シンボルが $S = \{s_1, s_2, s_3\}$，それぞれの生起確率が $P(s_1) = 0.7$，$P(s_2) = 0.2$，$P(s_3) = 0.1$ である情報源を元の情報源 S とする。

S の 2 次拡大を S^2 と書く。2 次拡大の情報源シンボルは S の要素 2 個の系列であるから

$$\{s_1s_1, s_1s_2, s_1s_3, s_2s_1, s_2s_2, s_2s_3, s_3s_1, s_3s_2, s_3s_3\}$$

の 3^2 個ある。

2 次拡大の情報源シンボルそれぞれの生起確率を考える。情報源 S^2 から系列 s_1s_1 が発生したという事象は元の情報源 S からシンボル s_1 が発生し，つぎも s_1 が発生したという事象である。

S は無記憶情報源であるから，S^2 から s_1s_1 が発生する確率は拡大前の事象の確率の積になるので

$$P(s_1s_1) = P(s_1)P(s_1) = 0.49$$

同様に

$$P(s_1s_2) = P(s_1)P(s_2) = 0.14$$

というように求めていくことができる。S とその 2 次拡大 S^2 をまとめたものを**図 5.2** に示す。情報源の拡大は元の情報源を別の見方をしているだけだということがわかる。

5.3 まとめて符号化して通信効率を改善——情報源の拡大——

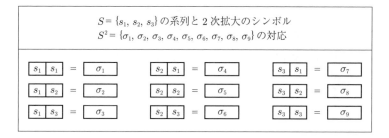

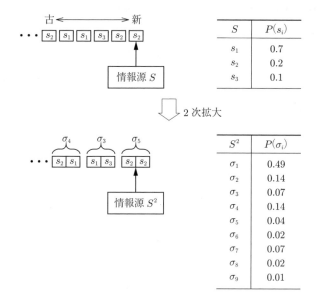

図 5.2 例 5.2 の S と 2 次拡大 S^2

S^2 の 9 個の情報源シンボルを $\sigma_1, \sigma_2, \ldots, \sigma_9$ とし，それぞれが拡大前のシンボル 2 文字の系列のいずれかと対応するが，対応の仕方は任意である．図 5.2 の対応は一例である．

一般に**情報源の n 次拡大**（n th extension）は以下のように定義される．

定義 5.2 情報源 $S = \{s_1, s_2, \ldots, s_q\}$ に対して情報源 S の n 次拡大を S^n と書く．S^n の情報源シンボルは S の情報源シンボルの長さ n の系

72　5. エントロピーと情報量

列と一対一に対応するシンボルの集合 $S^n = \{\sigma_1, \sigma_2, \ldots, \sigma_{q^n}\}$ である。

S^n の要素 σ_i が S の長さ n のある系列 $s_{i_1}s_{i_2}\cdots s_{i_n}$ に対応しているとすると，σ_i の生起確率は対応する系列の生起確率の積

$$P(\sigma_i) = P(s_{i_1})P(s_{i_2})\cdots P(s_{i_n}) \tag{5.17}$$

で与えられる。

本書では S^n の要素 σ_i に対応する S の系列は $s_{i_1}s_{i_2}\cdots s_{i_n}$ であるとする。

情報源 S^n の全事象が $\{\sigma_1, \sigma_2, \ldots, \sigma_{q^n}\}$ であるから，生起確率の和は 1 になる。これは以下の式変形で確かめられる。式 (5.17) より

$$\sum_{\sigma_i \in S^n} P(\sigma_i)$$
$$= \sum_{\sigma_i \in S^n} P(s_{i_1})P(s_{i_2})\cdots P(s_{i_n})$$
$$= \sum_{s_{i_1}s_{i_2}\cdots s_{i_n} \in S^n} P(s_{i_1})P(s_{i_2})\cdots P(s_{i_n})$$

この和は S の要素の長さ n の系列すべてに対する和であるから

$$= \sum_{s_{i_1}=1}^{q} \sum_{s_{i_2}=1}^{q} \cdots \sum_{s_{i_n}=1}^{q} P(s_{i_1})P(s_{i_2})\cdots P(s_{i_n})$$

最も内側の和から変数に関係ない積項を和の前に移動していくと

$$= \sum_{s_{i_1}=1}^{q} \sum_{s_{i_2}=1}^{q} \cdots \sum_{s_{i_{n-1}}=1}^{q} P(s_{i_1})P(s_{i_2})\cdots P(s_{i_{n-1}}) \sum_{s_{i_n}=1}^{q} P(s_{i_n})$$
$$= \sum_{s_{i_1}=1}^{q} P(s_{i_1}) \sum_{s_{i_2}=1}^{q} P(s_{i_2}) \cdots \sum_{s_{i_n}=1}^{q} P(s_{i_n})$$

確率の総和なので最も内側の和（s_{i_n} に関する和）から順に 1 になる。

$$= \sum_{s_{i_1}=1}^{q} P(s_{i_1}) \sum_{s_{i_2}=1}^{q} P(s_{i_2}) \cdots \sum_{s_{i_{n-2}}=1}^{q} P(s_{i_{n-2}}) \sum_{s_{i_{n-1}}=1}^{q} P(s_{i_{n-1}}) \cdot 1$$

5.3 まとめて符号化して通信効率を改善——情報源の拡大——

$$= \sum_{s_{i_1}=1}^{q} P(s_{i_1}) \sum_{s_{i_2}=1}^{q} P(s_{i_2}) \cdots \sum_{s_{i_{n-2}}=1}^{q} P(s_{i_{n-2}}) \cdot 1$$
$$= 1$$

結局

$$\sum_{\sigma_i \in S^n} P(\sigma_i) = 1 \tag{5.18}$$

となる。

例題 5.2 定義 5.2 に従い,$S = \{s_1, s_2\}$,$P(s_1) = 0.9$,$P(s_2) = 0.1$ である情報源 S の 3 次拡大情報源 S^3 を構成し,S^3 の各情報源シンボルについて S の系列との対応と生起確率を答えよ。

【解答】 S^3 の情報源シンボル数は $q^n = 2^3 = 8$ である。S^3 の情報源シンボルを $\{\sigma_1, \sigma_2, \ldots, \sigma_8\}$ とし,対応を $\sigma_1 = s_1 s_1 s_1$,$\sigma_2 = s_1 s_1 s_2$,$\sigma_3 = s_1 s_2 s_1$,$\sigma_4 = s_1 s_2 s_2$,$\sigma_5 = s_2 s_1 s_1$,$\sigma_6 = s_2 s_1 s_2$,$\sigma_7 = s_2 s_2 s_1$,$\sigma_8 = s_2 s_2 s_2$ とすると S^3 の情報源シンボルの生起確率は $P(\sigma_1) = 0.729$,$P(\sigma_2) = 0.081$,$P(\sigma_3) = 0.081$,$P(\sigma_4) = 0.081$,$P(\sigma_5) = 0.009$,$P(\sigma_6) = 0.009$,$P(\sigma_7) = 0.009$,$P(\sigma_8) = 0.001$ である。 ◇

情報源の拡大を考えることで情報源シンボルあたりの平均符号語長を小さくできることを例 5.2 で行った拡大を使って説明する。情報源の n 次拡大 S^n をある一意に復号可能な符号で符号化する場合の平均符号語長を L_n と書くことにする。$n=1$ の n 次拡大は S そのものとする。例 5.2 の拡大前の元の情報源 S と 2 次拡大 S^2 それぞれに対してハフマンの符号化を行うことでそれぞれのコンパクト符号である**表 5.2** と**表 5.3** が得られる。表 5.3 の符号ではハフマンの符号化のために確率の大きな情報源シンボルから順に並べているので確率の並びが図 5.2 とは異なっているが同じ情報源である。表の下にそれぞれの平均符号語長 L_1, L_2 の値を記した。

5. エントロピーと情報量

表 5.2 例 5.2 のコンパクト符号

S	$P(s_i)$	X_i（符号語）
s_1	0.7	0
s_2	0.2	10
s_3	0.1	11

$L_1 = 1.3$

表 5.3 例 5.2 の 2 次拡大のコンパクト符号

S^2	$P(s_i)$	X_i（符号語）
σ_1	0.49	1
σ_2	0.14	001
σ_3	0.14	010
σ_4	0.07	0000
σ_5	0.07	0001
σ_6	0.04	0111
σ_7	0.02	01101
σ_8	0.02	011000
σ_9	0.01	011001

$L_2 = 2.33$

S^n の符号語 1 個で S の情報源シンボル n 個の情報を伝えることができることから，S^n の符号に対して，元の情報源シンボルあたりの平均符号語長を

$$\frac{L_n}{n}$$

とする．

表 5.3 から，S の 2 次拡大のコンパクト符号を用いることで，元の情報源シンボルあたりの平均符号語長は

$$\frac{L_2}{2} = 1.165$$

となり，この値は拡大前の情報源を符号化したときのコンパクト符号の平均符号語長である 1.3 よりも小さい．

これは S から生成される情報源シンボル系列を 2 個ずつまとめて符号化するだけでまったく同じ内容を通信するのに必要なビット数を平均で約 10% 削減できることを示している．拡大の次数 n を大きくすることで，元の情報源シンボルあたりの平均符号語長は単調に減少するとは限らないが小さくなる傾向がある．これは直感的には符号語長が整数の値しかとることができないことからきている．平均符号語長を小さくするためには生起確率に応じた符号語長を与えることが重要だが符号語長が大きいほうが符号語長が整数値のみであっても相対的に細かい調整ができるからである．

5.4 拡大情報源の平均符号語長の下界

S の n 次拡大の情報源の平均符号語長の下界を考える。ここでは $n = 1$ の n 次拡大は S そのものとする。定理 5.2 は拡大情報源に対しても成り立つので拡大情報源の平均符号語長の下界は

$$L_n \geq H(S^n)$$

となる。エントロピーの定義 5.1 より

$$H(S^n) = \sum_{\sigma_i \in S^n} P(\sigma_i) \log \frac{1}{P(\sigma_i)}$$

式 (5.17) より

$$\begin{aligned}
&= \sum_{\sigma_i \in S^n} P(\sigma_i) \log \frac{1}{P(s_{i_1}) P(s_{i_2}) \cdots P(s_{i_n})} \\
&= \sum_{\sigma_i \in S^n} P(\sigma_i) \left(\log \frac{1}{P(s_{i_1})} + \log \frac{1}{P(s_{i_2})} + \cdots + \log \frac{1}{P(s_{i_n})} \right) \\
&= \sum_{\sigma_i \in S^n} P(\sigma_i) \log \frac{1}{P(s_{i_1})} + \sum_{\sigma_i \in S^n} P(\sigma_i) \log \frac{1}{P(s_{i_2})} \\
&\quad + \cdots + \sum_{\sigma_i \in S^n} P(\sigma_i) \log \frac{1}{P(s_{i_n})}
\end{aligned} \tag{5.19}$$

式 (5.19) の第 1 項だけ取り出すと

$$\begin{aligned}
&\sum_{\sigma_i \in S^n} P(\sigma_i) \log \frac{1}{P(s_{i_1})} \\
&= \sum_{\sigma_i \in S^n} P(s_{i_1}) P(s_{i_2}) \cdots P(s_{i_n}) \log \frac{1}{P(s_{i_1})} \\
&= \sum_{s_{i_1} s_{i_2} \cdots s_{i_n} \in S^n} P(s_{i_1}) \log \frac{1}{P(s_{i_1})} P(s_{i_2}) P(s_{i_3}) \cdots P(s_{i_n}) \\
&= \sum_{s_{i_1}=1}^{q} \sum_{s_{i_2}=1}^{q} \cdots \sum_{s_{i_n}=1}^{q} P(s_{i_1}) \log \frac{1}{P(s_{i_1})} P(s_{i_2}) P(s_{i_3}) \cdots P(s_{i_n})
\end{aligned}$$

最も内側の和（s_{i_n} についての和）から変数に関係のない積項を和の前に移動させてゆくと

$$= \sum_{s_{i_1}=1}^{q} \cdots \sum_{s_{i_{n-1}}=1}^{q} P(s_{i_1}) \log \frac{1}{P(s_{i_1})} P(s_{i_2}) \cdots P(s_{i_{n-1}}) \sum_{s_{i_n}=1}^{q} P(s_{i_n})$$

$$= \sum_{s_{i_1}=1}^{q} P(s_{i_1}) \log \frac{1}{P(s_{i_1})} \sum_{s_{i_2}=1}^{q} P(s_{i_2}) \sum_{s_{i_3}=1}^{q} P(s_{i_3}) \cdots \sum_{s_{i_n}=1}^{q} P(s_{i_n})$$

最も内側の和から順に 1 に置き換えることができるので

$$= \sum_{s_{i_1}=1}^{q} P(s_{i_1}) \log \frac{1}{P(s_{i_1})}$$
$$= H(S)$$

式 (5.19) の第 1 項が S のエントロピーに等しいことがわかった。ほかの項でも同様の計算を行い，式 (5.19) から

$$H(S^n) = nH(S) \tag{5.20}$$

が得られる。

結局 S の n 次拡大の平均符号語長の下界は $nH(S)$ であることがわかった。1 シンボルあたりの平均符号語長にすると S^n の任意の一意に復号可能な符号に対して不等式

$$\frac{L_n}{n} \geqq H(S) \tag{5.21}$$

が成立する。つまり拡大しても元の情報源シンボルあたりの平均符号語長の下界は S のエントロピーのまま変わらないことがわかる。

図 5.3 は $S = \{s_1, s_2\}$，$P(s_1) = 0.9$，$P(s_2) = 0.1$ の 2 元情報源に対して拡大の次数を大きくしていったときのコンパクト符号の情報源シンボル 1 個あたりの平均符号語長 L_n/n の変化と下界 $H(S)$ を比較したものである。

拡大の次数が大きくなると情報源シンボル 1 個あたりの平均符号語長は小さくなり，下界 $H(S)$ に収束することが予想できる。

5.5 特定の符号化についての平均符号語長の上界

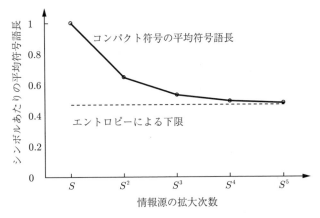

図 5.3　拡大の次数とシンボルあたりの平均符号語長

5.5　特定の符号化についての平均符号語長の上界

つぎの目的は拡大の次数を大きくすると情報源シンボル1個あたりの平均符号語長 L_n/n を限りなく下界の $H(S)$ に近づけられるという前節の予想を証明することである。これには図 5.3 のコンパクト符号の平均符号語長の上界を求め，それが拡大次数を大きくすることで $H(S)$ に収束することを示せばよい。下界が $H(S)$ であることは一意に復号可能なすべての符号について成り立つが，上界は符号化方法を決めないと得られないことに注意する。人為的に平均符号語長の大きな「効率の悪い」符号をいくらでも作ることができるからである。

コンパクト符号の平均符号語長の上限を求めたいというのは自然な要求であるが直接的に示すことは難しい。しかし，いまの目的では拡大次数を無限大に近づけたときに上界が $H(S)$ に収束することを保証できれば十分であって個々の拡大次数での平均符号語長を最小にする必要はないことに着目する。まずこの目的に合った符号化方法として平均符号語長が $H(S)+1$ 以下である瞬時に復号可能な符号が存在することを示す。

5.2 節で述べた平均符号語長の下界を達成する符号を構成できるケースは生

起確率が

$$P(s_i) = \left(\frac{1}{2}\right)^{m_i} \quad (1 \leq i \leq q, \ m_i は整数)$$

である場合に各情報源シンボル s_i に対する符号語の符号語長 l_i を m_i とすることであった．つまり $P(s_i)$ が $1/2$ のべき乗であるとき，すなわち $\log 1/P(s_i)$ が整数のとき，情報源シンボル s_i の符号語長を

$$l_i = \log \frac{1}{P(s_i)}$$

とすることで平均符号語長が下界に等しい符号を構成できる．しかし一般には $\log 1/P(s_i)$ は整数とは限らない．このような場合，次善の策として l_i に「つぎに大きな整数」を使用することを考える．すなわち，l_i を以下の値とする符号化である．（$\lceil \ \rceil$ は切上げ記号）

$$l_i = \left\lceil \log \frac{1}{P(s_i)} \right\rceil \tag{5.22}$$

例 5.3 例 5.2 の情報源 $S = \{s_1, s_2, s_3\}$，$P(s_1) = 0.7$，$P(s_2) = 0.2$，$P(s_3) = 0.1$ に対し，式 (5.22) で得られる符号語長 l_1, l_2, l_3 は，$\log 1/0.7 = 0.51$，$\log 1/0.2 = 2.32$，$\log 1/0.1 = 3.32$ をそれぞれ整数に切り上げて $l_1 = 1$，$l_2 = 3$，$l_3 = 4$ である．そのような符号語長をもつ瞬時に復号可能な符号は $X_1 = 0$，$X_2 = 101$，$X_3 = 1110$ などが構成できる．

まず，式 (5.22) の符号語長並びの瞬時に復号可能な符号が必ず存在することを確認する．

補題 5.3 情報源 $S = \{s_1, s_2, \ldots, s_q\}$ の各シンボルの生起確率が $P(s_1)$，$P(s_2), \ldots, P(s_q)$ であるとき，式 (5.22) で与えられる符号語長並びの瞬時に復号可能な符号が存在する．

証明 式 (5.22) により得られる l_i（$i = 1, 2, \cdots, q$）のとり得る範囲は

5.5 特定の符号化についての平均符号語長の上界

$$\log \frac{1}{P(s_i)} \leq l_i < \log \frac{1}{P(s_i)} + 1 \tag{5.23}$$

である。クラフトの不等式の左辺を計算すると，式 (5.23) 左側の不等式より

$$\sum_{i=1}^{q} \left(\frac{1}{2}\right)^{l_i} \leq \sum_{i=1}^{q} \left(\frac{1}{2}\right)^{\log \frac{1}{P(s_i)}}$$
$$= \sum_{i=1}^{q} 2^{\log P(s_i)}$$
$$= \sum_{i=1}^{q} P(s_i)$$
$$= 1$$

クラフトの不等式を満たすので定理 3.1 より式 (5.22) の符号語長並びの瞬時に復号可能な符号が存在する。 □

例 5.3 でもわかるように式 (5.22) で与えられる符号語長並びは一般にコンパクト符号よりも平均符号語長は劣る。しかし拡大次数を大きくすれば情報源シンボル 1 個あたりの平均符号語長がエントロピーの値に収束するという最終的な定理の証明に十分な平均符号語長の上界を与える。式 (5.22) を用いた符号化は実用的なものというより証明に都合がよいために導入されたものである。

補題 5.4 情報源 S に対して平均符号語長が $H(S) + 1$ 未満である瞬時に復号可能な符号が存在する。

証明 式 (5.22) で与えられる符号語長並びの符号の平均符号語長 L を考える。

$$L = \sum_{i=1}^{q} P(s_i) l_i$$

$P(s_i)$ $(i = 1, 2, \ldots, q)$ は非負でどれかは正の数だから，式 (5.23) の右側の不等式を使って

$$L < \sum_{i=1}^{q} P(s_i) \left(\log \frac{1}{P(s_i)} + 1 \right)$$
$$= \sum_{i=1}^{q} \left(P(s_i) \log \frac{1}{P(s_i)} + P(s_i) \right)$$

$$= \sum_{i=1}^{q} P(s_i) \log \frac{1}{P(s_i)} + \sum_{i=1}^{q} P(s_i) \tag{5.24}$$

式 (5.24) の第 1 項はエントロピー，第 2 項は確率の総和だから

$$L < H(S) + 1 \tag{5.25}$$

がいえる．補題 5.3 によりこれを満たす符号語長並びの瞬時に復号可能な符号が存在する． □

5.6 情報源符号化定理

つぎに証明する定理は**情報源符号化定理**[†]（source coding theorem）と呼ばれ，シャノンの情報理論がもたらした最も重要な結果のうちの一つである．シャノンの第 1 定理，雑音のない通信路における符号化定理とも呼ばれる．

定理 5.3 （情報源符号化定理）　情報源 S の n 次拡大 S^n を考える．すべての一意に復号可能な符号について情報源シンボル 1 個あたりの平均符号語長が $H(S)$ を下回ることはできないが，n を大きくすればシンボルあたりの平均符号語長が任意に $H(S)$ に近い瞬時に復号可能な符号が存在する．

証明　すでに式 (5.21) より定理の前半は示されている．
補題 5.4 は S^n に対しても成り立つので平均符号語長が

$$L_n < H(S^n) + 1 \tag{5.26}$$

である瞬時に復号可能な符号が存在する．式 (5.20) より式 (5.26) は

$$\frac{L_n}{n} < H(S) + \frac{1}{n} \tag{5.27}$$

と書ける．
式 (5.21) は任意の一意に復号可能な符号で成り立つので

[†] 式 (5.22) で与えられる符号語長並びの符号の平均符号語長 L が $H(S) \leqq L < H(S)+1$ であることを情報源符号化定理という場合もある．

$$H(S) \leq \frac{L_n}{n} < H(S) + \frac{1}{n} \tag{5.28}$$

n を大きくすると右辺は任意に $H(S)$ に近づくので

$$\lim_{n \to \infty} \frac{L_n}{n} = H(S) \tag{5.29}$$

がいえる。すなわち情報源シンボル1個あたりの平均符号語長が任意に $H(S)$ に近い瞬時に復号可能な符号が存在するような拡大次数 n が存在する。 □

5.7 情　報　量

定理 5.3 は情報源 S の符号化についてエントロピー $H(S)$ が重要な意味をもつことを示している。一つは一意に復号可能な符号である限りどんなに次数の大きな情報源の拡大を考えても情報源シンボル1個あたりの平均符号語長は $H(S)$ を下回ることができないことであり，もう一つは拡大次数 n を大きくすれば，瞬時に復号可能な符号の中でも最小の平均符号語長を与えるハフマンの

Coffee Break ☕ 現実との対応

　本書では情報量 $H(S)$ を一意に復号可能という制約がもたらす可逆圧縮の限界として純粋に数式で導き出しました。これが現実世界の「情報の量」の尺度としてふさわしいのかどうかはまた別の議論が必要です。1章の大阪の天気（晴が 1/2，曇が 1/4，雨が 1/8，雪が 1/8）の $H(S)$ の値は 1.75 ですが金沢の天気（すべての天気の生起確率が 1/4 で等しい）の $H(S)$ の値は 2 となり，大阪の天気よりも大きな値をとります。これは金沢の天気のほうが予測しにくい，曖昧度が高いことと関連づけることができます。大阪の天気は金沢に比べると偏りがあり，予測しやすいためにその分含まれる情報の量が小さいと考えるのです。極端な場合，100% の確率で晴れる地域があったとすると $H(S)$ の値は 0 となりますが，これは通報するまでもなく天気が晴であることがわかるので曖昧度はゼロ，すなわち通報の価値がゼロであると考えることができます。このように $H(S)$ は現実世界の情報の量の尺度としてもふさわしい性質をもっているといえます。

5. エントロピーと情報量

符号化などを用いてシンボルあたりの平均符号語長が好きなだけ $H(S)$ に近い符号を作ることができるということである。

情報源 S から発生する情報源シンボルを符号化して伝える場合，拡大次数を大きくしてコンパクト符号で符号化することは可逆圧縮により通信に必要な文字数を削減することにあたる．すなわち，エントロピー $H(S)$ は可逆圧縮後のシンボルあたりの必要ビット数の極限値を示している．このことからエントロピー $H(S)$ は情報源から時間あたりに発生する情報の量の尺度を与えると考えることができ，$H(S)$ を情報源 S の**情報量**（information entropy）と定義する．

情報量 $H(S)$ の定義式 (5.1)

$$H(S) \triangleq \sum_{i=1}^{q} P(s_i) \log \frac{1}{P(s_i)}$$

を見ると，情報源の情報量はシンボル s_i ごとの $\log 1/P(s_i)$ の期待値と見ることができる．

$$I(s_i) \triangleq \log \frac{1}{P(s_i)} \tag{5.30}$$

を情報源シンボル s_i が発生する**事象の情報量**（self-information）と呼ぶ．$I(s_i)$ はシンボル s_i が発生したという事象の情報量の尺度であると考え，情報源の情報量 $H(S)$ はすべてのシンボル s_i $(i=1,2,\ldots,q)$ についての事象の情報量 $I(s_i)$ の期待値

$$H(S) = \sum_{i=1}^{q} P(s_i) I(s_i)$$

と考えることができる．

例 5.4 表 1.4 の大阪の天気の確率は晴の事象をシンボル s_1，曇の事象をシンボル s_2，雨の事象をシンボル s_3，雪の事象をシンボル s_4 とすると，$P(s_1) = 1/2$, $P(s_2) = 1/4$, $P(s_3) = 1/8$, $P(s_4) = 1/8$ である．s_1, s_2, s_3, s_4 それぞれの事象の情報量は

$$I(s_1) = \log \frac{1}{1/2} = 1$$

$$I(s_2) = \log \frac{1}{1/4} = 2$$

$$I(s_3) = \log \frac{1}{1/8} = 3$$

$$I(s_4) = \log \frac{1}{1/8} = 3$$

であり,エントロピー $H(S)$ は $I(s_i)$ の期待値だから以下となる。

$$H(S) = P(s_1)I(s_1) + P(s_2)I(s_2) + P(s_3)I(s_3) + P(s_4)I(s_4)$$
$$= \frac{1}{2} \cdot 1 + \frac{1}{4} \cdot 2 + \frac{1}{8} \cdot 3 + \frac{1}{8} \cdot 3$$
$$= 1.75$$

式 (5.30) で定義される,確率 p で起こる事象の情報量 $I(p)$ は以下の性質を満たす関数である。

Coffee Break ☕ 通信路が 100% 信用できないときは？

本書では1章でモデル化した通信路が必ず正しい情報を受信者に伝えるという前提で通信の効率を議論しました。前のコラムで都市によって天気の確率の偏りが違えば天気のもつ情報量が違うことを,予想が難しいほうがもともと高い曖昧度をもっている,ということにに関連づけました。通報前はおのおのの都市の天気は曖昧で,その曖昧度は天気の生起確率に応じて決まってますが,通報が行われると天気が確定するので曖昧度はゼロになります。

実際の通信路では 100% 正しく情報が送られるとは限りません。この場合は通報前に存在した曖昧度は減るがゼロにはならないという状況になります。曖昧度はエントロピーで表現することができるので通報により下がるエントロピーの量を通信路の能力と関連づけて議論することで情報理論はもう一つの大きな成果である「通信路符号化定理」へと発展してゆきます。本書では扱いませんが興味をもった方は引用・参考文献 2)~5) などの教科書でぜひ学んでください。

1. 単調減少関数である。
2. $I(p_1 p_2) = I(p_1) + I(p_2)$ である。
3. $I(p)$ は $0 < p \leqq 1$ で連続関数である。

これらの性質が事象の情報の量として直感によく一致することを例 5.4 に基づいて説明する。

性質 1 はありふれたことが起こる情報量よりも珍しいことが起こる情報量のほうが大きいという性質で，例では雪のほうが晴よりも確率が低いために事象の情報量が大きいことに対応している。

性質 2 は独立な二つの事象が両方起こる情報量はそれぞれの事象の情報量の和であるという性質で，例の情報源で 1 日目が晴かつ 2 日目が曇になる確率は，無記憶情報源を仮定しているので $1/2 \cdot 1/4$ であるから「1 日目が晴かつ 2 日目が曇」という通報に対応する事象の情報量は $\log 8 = 3$ である。一方，「1 日目が晴かつ 2 日目が曇」という通報は「1 日目が晴」という通報と「2 日目が曇」という通報を合わせた情報をもっていると考えられ，実際にそれぞれの事象の情報量 $\log 2 = 1$ と $\log 4 = 2$ の和と一致している。

性質 3 は似た確率の事象の情報量は似た値をもつというものである。

上記性質 1, 2, 3 は事象の情報の量の尺度の関数として満たすべき条件といえるが，これら三つ満たす関数は $\log 1/p$ の整数倍に限られることが証明できる。証明は付録 B に記述した。

章 末 問 題

【5.1】 無記憶 2 元情報源 $S = \{s_1, s_2\}$ の各シンボルの生起確率が $P(s_1) = 0.8$, $P(s_2) = 0.2$, であるとする。以下の問に答えよ。
(1) S のエントロピー $H(S)$ を求めよ。
(2) S の 2 元コンパクト符号の平均符号語長を求めよ。
(3) S の 2 次拡大 $S^2 = \{\sigma_1, \sigma_2, \sigma_3, \sigma_4\}$ を考える。ここで，拡大前の情報源シンボルとの対応を**表 5.4** のとおりとする。
$P(\sigma_1), P(\sigma_2), P(\sigma_3), P(\sigma_4)$ の値を求めよ。

表 5.4 拡大前と拡大後の対応

σ_1	σ_2	σ_3	σ_4
$s_1 s_1$	$s_1 s_2$	$s_2 s_1$	$s_2 s_2$

(4) S^2 の 2 元コンパクト符号の平均符号語長 L_2 を求めよ。

(5) S の 2 次拡大 S^2 の 2 元コンパクト符号を使って通信を行った場合の S の元の情報源シンボル 1 個あたりの平均符号語長を求めよ。

【5.2】 $S = \{s_1, s_2\}$ は無記憶 2 元情報源であり、s_1 が発生する確率 $P(s_1) = a$ であるとする。S の 2 次の拡大 S^2 の出力に s_1 が 2 個含まれているときに情報源シンボル s'_1 を、1 個だけ含まれているときに s'_2 を、含まれていないときに s'_3 を出力する情報源 S' を考える。s'_1, s'_2, s'_3 をそれぞれ $00, 01, 10$ に対応させる符号を C_1、s'_1, s'_2, s'_3 をそれぞれ $0, 110, 11110$ に対応させる符号を C_2 とする。以下の問いに答えよ。

(1) $P(s'_1), P(s'_2), P(s'_3)$ を a で表せ。
(2) 符号 C_1 を用いたときの平均符号語長 L_{C_1} を求めよ。
(3) 符号 C_2 を用いたときの平均符号語長 L_{C_2} を a で表せ。
(4) $L_{C_2} < L_{C_1}$ となるための、a のとり得る値の範囲を求めよ。
(5) $a = 1/4$ であるとき、それぞれ s'_1, s'_2, s'_3 が生起する事象の情報量 $I(s'_1), I(s'_2), I(s'_3)$ を求めよ。
(6) $a = 1/4$ であるときの S' のエントロピー $H(S')$ の値を求めよ。

【5.3】 情報源を 2 次拡大したもののコンパクト符号の平均符号語長を 2 で割ったものは、元の情報源のコンパクト符号の平均符号語長以下であることを示せ。

付録 A 数学の準備

数学を学習する機会が少なかった学習者を対象に指数，対数や和の式の基本的な書き方の慣習と，本書でよく使われる写像や期待値の定義，さらに必要条件，十分条件と証明方法に関する注意点を説明する。最後によく用いられる指数，対数についての公式について説明する。

A.1 式の書き方の約束事

和や積など，ほとんどの二項演算は優先順位が同じ場合は左から結合するが，指数の指数については右から結合するので注意する。

$$x^{y^z} = x^{(y^z)}$$

$\log$ や $\sum$ などを記述する場合は括弧をつけないが，これらの効力は積項が続いているところまでとする。すなわち

$$\log xy = \log(xy)$$

$$\sum_{x=a}^{b} xy = \sum_{x=a}^{b} (xy)$$

であるが

$$\log x + y = (\log x) + y$$

$$\sum_{x=a}^{b} x + y = \left(\sum_{x=a}^{b} x\right) + y$$

である。

A.2　入力から出力への対応——写像——

写像（map）とは直感的には入力が決まれば出力が必ず一意に決まるような入力から出力への対応関係と考えればよい。例えば，ある大学のすべての在学生に対してその学生の入学年度は一意に決まるだろう。これは入力として「ある大学の全在学生」という集合から要素を一つ選び，それに対して「整数」の集合の要素である出力値がただ一つ存在するという関係になっている。

定義 A.1　集合 A の任意の要素 a に対して集合 B の要素 b がただ一つ決められる規則を写像という。写像の名前を f とすると

$$f : A \to B$$

と書き，a に対応する B の要素を $f(a)$ と書く。集合 A を f の定義域，集合 B を f の値域という。

先に示した学生の入学年度の例は定義域 A をその大学の全在学生という集合，値域 B を整数集合にとれば写像になっていることがわかる。この写像では f(「ある学生」) はその学生の入学年度である。写像は「マッピング」，「対応」という言葉から想像する意味よりも制限がかなり緩い概念であることに注意する。例えば，学生の入学年度の写像では同じ入学年度の学生が複数いてもいいし，値域である整数集合の大部分（負の数など）が入学年度として使われないことも許される。写像の本質は「すべての入力」に対して出力が「ただ一つ」決まることである。写像として許される場合と許されない場合を図示したものが図 A.1 である。

つぎに，学生から学籍番号への対応を考えよう。ここでこの学校の学籍番号は数字とアルファベットの文字列であるとする。学生から学籍番号への対応は入

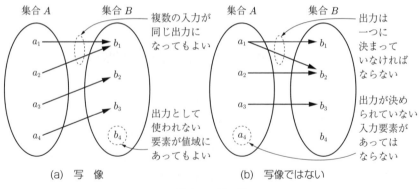

図 A.1 写像

力の集合は前の例と同じ「ある大学の全在学生」で，出力の集合は「数字とアルファベットの文字列すべて」であるような写像として考えることができる。学籍番号は通常一意に割り当てられるように運用される。すなわち異なる学生に同じ学籍番号が割り当てられるようなことはない。このような写像を**単写** (injective function) という。

定義 A.2 集合 A から B への写像

$$f : A \to B$$

のうち，A の要素の任意のペア a と a' について，$a \neq a'$ であれば $f(a) \neq f(a')$ が成り立つものを単写という。

単写として許される場合と許されない場合を図示したものが図 A.2 である。単写は写像に，異なる入力が同じ出力に合流することはない，という制限を加えたものである。別のいい方をすると，出力されてきた要素に対しては入力された要素がなんであったかが一つに特定できるという性質をもつ。

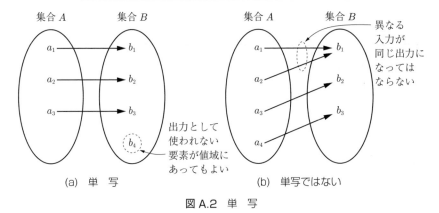

図 A.2 　単 　写

A.3 　生起確率が与えられた場合の平均値 —— 期待値 ——

　いろいろな値の平均値を求めることを考える．あるテストの点数のクラスの平均値を求める場合は全員の点数の和を人数で割ればよいが，好きな予想アタリ番号を指定して購入するタイプのくじのように平均をとる対象が有限でない場合はこの方法は使えない．

　1 回のくじ引きで得られる賞金の平均値はくじの各等のアタリ確率と賞金が決まっていれば無限にくじを引くことができる場合でも求めることができる．ある生起確率に従って起こる事象に関連した値の平均値のことを**期待値**（expectation）と呼ぶ．1 回のくじ引きで得られる賞金の平均値は期待値の例で，くじの 1 等，2 等などの各等が起こる事象にあたり，各等のアタリ確率が事象の生起確率，各等の賞金が事象に関連づけられた値である．このような場合の平均値は，もしすべての等の生起確率がハズレくじも含めて同じ確率であれば各等とハズレの賞金額を足して種類の数で割る単純な平均値で求められるが，一般のくじのように賞ごとに確率が異なる場合はその確率で重み付けを行って平均値を計算する必要がある．これは加重平均とも呼ばれ，以下のようにそれぞれの事象の生起確率と事象に関連づけられた値の積をすべての事象にわたっ

て和をとった値として定義される。

定義 A.3 起こり得る事象が $\{e_1, e_2, \ldots, e_n\}$ であるとする。それぞれの事象に関連づけられた値が $v_1, v_2, \ldots, v_n$ であるとき、期待値は

$$\sum_{i=1}^{n} P(e_i) v_i$$

で定義される。ここで $P(e_i)$ （ただし，$1 \leq i \leq n$）は事象 e_i が起こる確率とする。

直感的には無限にくじを引いた場合の 1 回あたりの賞金の平均値と考えるとよい。確率 $P(e_1)$ で訪れる世界では賞金 v_1 を手にしており，確率 $P(e_2)$ で訪れる世界では賞金 v_2 を手にしており，… という世界をすべて重ね合わせた結果と考えることができる。

例 A.1 各等のアタリ確率と賞金が表 A.1 に示されるくじの期待値を求める。

表 A.1 あるくじのアタリ確率と賞金

等	確率	賞金
1 等	10%	1000 円
2 等	20%	500 円
3 等	30%	100 円
ハズレ	40%	0 円

期待値の定義より

$$0.1 \times 1000 + 0.2 \times 500 + 0.3 \times 100 + 0.4 \times 0 = 230$$

このくじを 1 回行ったときに得る金額の期待値は 230 円である。

> **Coffee Break** 人はなぜくじを買う
>
> 例 A.1 で，あるくじ引きで得られる賞金の期待値が 230 円であることを計算しました．このくじの販売価格が 300 円だったらあなたは買いますか？
>
> 高校数学で扱う単元のうち確率は珍しく実生活に役立つものかもしれません．300 円のくじの賞金の期待値が 230 円ということは永遠に買い続けると必ず買う側が損をすることを意味しています．実際のくじでは販売者にとって売れた金額と当選者に支払った賞金の差が利益になるわけですから，くじの価格よりも賞金の期待値は低いはずです．
>
> だからといって，くじを買うことが無意味とは思えません．実際にくじは人気があります．まず無限に買うわけではないし，すべてのくじを買い占めるわけでもないというのが理由にあると考えられます．損をしても小さい額だからそれは感覚的には無視できて，確率は少なくても金額の大きなアタリの可能性があるならそのほうがいい，とバクチにでているとも解釈できますし，ワクワク感を得るために対価を払っているとも考えることができます．この理由は数学では測れないものなのでしょう．

A.4 これだけは知っておいてほしい，必要条件，十分条件と証明

必要条件，十分条件や証明手法について簡単な例を使って説明する．まず注意しなければならないのは同じ用語であっても教科書，論文によって定義が異なる場合があるということである．証明はその文書で採用されている定義に厳密に従って行わなければならない．

倍数を例に説明する．ここでは倍数を以下のように定義する．

定義 A.4 正の整数 a と整数 b について，$b = ka$ となる整数 k が存在するとき，b は a の倍数であるという．

整数 n について「n が 2 の倍数である」ことは「n が 6 の倍数である」ことの必要条件であり，「n が 6 の倍数である」ことは「n が 2 の倍数である」ことの十分条件である。図 **A.3** は整数集合の中での 2 の倍数，6 の倍数の包含関係を示したもので，**必要条件**（necessary condition）の直感的な意味は「6 の倍数であるためには少なくとも 2 の倍数である**必要**がある。ただし，2 の倍数だからといって必ずしも 6 の倍数とは限らない」であり，**十分条件**（sufficient condition）の直感的意味は「2 の倍数であるためには 6 の倍数であれば**十分**である。ただし，6 の倍数以外にも 2 の倍数があるかもしれない」ということである。

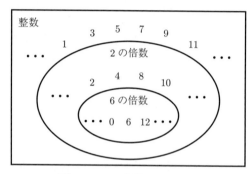

図 A.3　2 の倍数と 6 の倍数

必要条件，十分条件の関係は下記の矢印で表す記法が誤解が少ない。

命題 A.1　整数 n について
n が 6 の倍数である $\Rightarrow$ n が 2 の倍数である

矢印の根本の条件に対して**先が必要条件**であり，矢印の先の条件に対して**根本が十分条件**である。

命題 A.1 を定義に従って厳密に証明する。この教科書の定義に従って行わなければいけないことに注意する。

証明（命題 A.1 の証明）　命題 A.1 の仮定は「n が 6 の倍数である」なので**定義より** $n = k \cdot 6$ なる整数 k が存在する。$k' = 3k$ とおくと k' は整数であり，

A.4 これだけは知っておいてほしい，必要条件，十分条件と証明

$n = k' \cdot 2$ であるから n は2の倍数の**定義**を満たす．ゆえに**結論**「n が2の倍数である」が成り立つ． □

必要条件であると同時に十分条件でもある場合に**必要十分条件**（necessary and sufficient condition）という．例えば，「n が2の倍数であり，かつ3の倍数である」は「n が6の倍数である」の必要十分条件である．必要十分条件は両方向の矢印を用いて

命題 A.2　n が2の倍数であり，かつ3の倍数である $\Leftrightarrow$ n が6の倍数である．

と書かれるが，本質は下記の二つの命題の両方が同時に成り立つことである．

命題 A.3　n が2の倍数であり，かつ3の倍数である $\Rightarrow$ n が6の倍数である．

命題 A.4　n が2の倍数であり，かつ3の倍数である $\Leftarrow$ n が6の倍数である．

また，このことから

「n が2の倍数であり，かつ3の倍数である」が「n が6の倍数である」の必要十分条件である

という命題は

「n が6の倍数である」が「n が2の倍数であり，かつ3の倍数である」の必要十分条件である

という左右を入れ替えた命題と同一であることがわかる．

命題 A.2 を証明するためには命題 A.3 と命題 A.4 の**両方**を証明しなければならない．証明する順序はどちらからでもよい．

ここではまず命題 A.3:「n が 2 の倍数であり,かつ 3 の倍数である」が「n が 6 の倍数である」の十分条件である($\Rightarrow$ 方向)証明を行い,つぎに命題 A.4:「n が 2 の倍数であり,かつ 3 の倍数である」が「n が 6 の倍数である」の必要条件である($\Leftarrow$ 方向)証明を行う。

証明 (命題 A.2 の証明) 命題 A.3 の仮定は「n が 2 の倍数であり,かつ 3 の倍数である」なので定義より

$$n = l \cdot 2 \tag{A.1}$$

となる整数 l が存在し,かつ

$$n = m \cdot 3 \tag{A.2}$$

となる整数 m が存在する。式 (A.1) の両辺を 3 倍して

$$3n = 6l \tag{A.3}$$

式 (A.2) の両辺を 2 倍して

$$2n = 6m \tag{A.4}$$

が得られる。式 (A.3),式 (A.4) より

$$3n - 2n = 6l - 6m$$

すなわち

$$n = 6\,(l - m)$$

Coffee Break ☕ 定義はどうやって決める

証明は定義に従って行えと説明しましたが,その定義はどうやって決めるのでしょうか。定義 A.4 で挙げた倍数の定義では b は a の倍数であるというときの a を正の整数に限定しました。a として 0 を許す定義もありますし,負の数や整数以外を許す定義も可能です。そうしなかったのは「そうしても役に立つことが思いつかないから」です。証明の根幹をなす定義ですが,その決め方は意外にこんなもの。定義を決めるのは著者の特権なのです。

が得られる。$l-m$ は整数なので定義より n は 6 の倍数であるという結論が得られた。

つぎに命題 A.4：「n が 2 の倍数であり，かつ 3 の倍数である」が「n が 6 の倍数である」の必要条件である証明を行う。こちらの方向の証明では仮定は「n が 6 の倍数である」であり，結論は「n が 2 の倍数であり，かつ 3 の倍数である」である。n が 2 の倍数である証明は

$$n = k \cdot 6$$

という仮定から $k' = 3k$ とおくことですでに行った。同様に $k'' = 2k$ とおくことで同じ「n が 6 の倍数である」という仮定から「n が 3 の倍数である」といえる。これにより「n が 2 の倍数である」と「n が 3 の倍数である」が同時に成り立つので結論である「n が 2 の倍数であり，かつ 3 の倍数である」が得られた。　□

A.5　指数，対数の考え方

指数，対数に関する定義，公式の補足説明を行う。

A.5.1　よく使う指数の公式

指数の基本的な公式を説明する。ここでは厳密な証明ではなく直感的な説明を行う。

公式 A.1

$a^i a^j = a^{i+j}$

図 A.4 が直感的な説明である。a を i 個掛けたもののあとに a を j 個掛けるのだから結果的に a を $i+j$ 個掛けることになる。

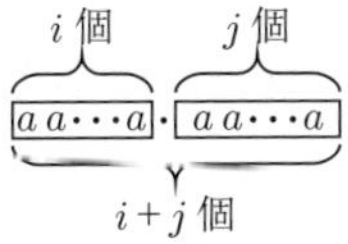

$$\underbrace{\overbrace{aa\cdots a}^{i\text{個}} \cdot \overbrace{aa\cdots a}^{j\text{個}}}_{i+j\text{個}}$$

図 A.4　a を i 個掛けたあとに j 個掛ける

> **公式 A.2**
> $(a^i)^j = a^{ij}$

図 A.5 が直感的な説明である。a を i 個掛けたブロックを j 個掛けるのだから結果的に a を ij 個掛けることになる。

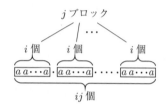

図 A.5　a を i 個掛けたブロックを j 個掛ける

A.5.2 対数の定義

$\log_a b$ の直感的な意味は，「a を何乗すれば b になるか」を求める式だと考えるとよい。a を x 乗すると b になるなら $\log_a b = x$ となる。a を底，b を真数という。定義すると

$$b = a^x \Leftrightarrow \log_a b = x \quad (\text{ただし，}a, b \text{は正の数で} a \text{が} 1 \text{でない}) \quad (A.5)$$

となり，これがすべての証明の基本となる。式 (A.5) の右方向の変形は両辺の log をとる，などという。

対数の直感的な意味から，$\log_a a^x$ は「a を何乗すると a^x になるか」だから x だということも理解できるだろう。対数の定義式 (A.5) から証明してみよ。

A.5.3 よく使う対数の公式と証明

対数の公式と対応する指数の公式を考えるとわかりやすい。

> **公式 A.3**
> $\log_a xy = \log_a x + \log_a y$

この公式は

$$a^i a^j = a^{i+j} \tag{A.6}$$

に対応すると考えるとわかりやすい。

証明（公式 A.3 の証明）

$$\log_a x = i, \quad \log_a y = j \tag{A.7}$$

とする。指数の定義式 (A.5) より

$$a^i = x, \quad a^j = y \tag{A.8}$$

式 (A.6) に式 (A.7), (A.8) を代入すると

$$xy = a^{\log_a x + \log_a y} \tag{A.9}$$

対数の定義式 (A.5) から

$$\log_a xy = \log_a x + \log_a y \tag{A.10}$$

□

公式 A.4

$$\log_a x^n = n \log_a x$$

この公式は

$$(a^i)^n = a^{ni} \tag{A.11}$$

に対応すると考えるとわかりやすい。

証明（公式 A.4 の証明）

$$\log_a x = i \tag{A.12}$$

とする。指数の定義式 (A.5) より

$$a^i = x \tag{A.13}$$

式 (A.11) に式 (A.12), (A.13) を代入すると

$$x^n = a^{n \log_a x} \tag{A.14}$$

対数の定義式 (A.5) から

$$\log_a x^n = n \log_a x \tag{A.15}$$

□

公式 A.5

$$\log_a x = \frac{\log_b x}{\log_b a} \quad \text{(底の変換公式)}$$

この公式は

$$b^i = a, a^j = x \tag{A.16}$$

$$\Rightarrow b^{ij} = x \tag{A.17}$$

に対応すると考えるとわかりやすい。

証明（公式 A.5 の証明）

$$\log_b a = i, \log_a x = j \tag{A.18}$$

とする。指数の定義式 (A.5) より

$$b^i = a, a^j = x \tag{A.19}$$

式 (A.17) より

$$b^{ij} = x \tag{A.20}$$

式 (A.18) を代入して

$$b^{(\log_b a)(\log_a x)} = x \tag{A.21}$$

対数の定義式 (A.5) から

$$(\log_b a)(\log_a x) = \log_b x \tag{A.22}$$

両辺を $\log_b a$ で割ることで公式を得る。 □

付録 B 情報量の尺度が対数関数に限られる理由

確率 p で起こる事象 E について，その事象の情報量 $I(E)$ は

$$I(E) = \log \frac{1}{p}$$

で定義される。事象の情報量としてこの式が用いられる理由を解説する（本書では特に断らない限り対数の底は 2 である）。

B.1 情報の量の尺度に求められる性質

情報理論の教科書の多くは情報の量の尺度を数学的に定義することから始まる。一般に使われる「情報」という言葉は，「A 市の天気は雨だった」といった通報から得られるような，自分が新しく知った事実という意味で使われる。通報に含まれる情報の量が多いか少ないかは必ずしも通報の長さで決まるわけではない。例えば，ある年の A 市の天気について「4 月 1 日は晴，4 月 2 日は雨。」という通報 1 と，「4 月 1 日は晴，4 月 1 日は晴。」という同じことを繰り返しただけの通報 2 は，長さは同じだが前者のほうが情報の量が多いことはあきらかだろう。通報 1 と 2 による，受け取る情報の量の違いは知った事実が起こる確率に関係すると考えることができる。簡単のために A 市の天気は「晴，曇，雨，雪」の 4 種類だけであり，生起確率がすべて 1/4 であり，天気の生起確率はそれ以前の天気によらず独立であると仮定する。このとき，通報 1 は確率 1/16 で起こることを伝えているのに対して通報 2 は確率 1/4 で起こることを伝えている。このことから通報に含まれる情報の量は事象（この場合は天

気）の確率に関係し，確率が低い事実を伝える通報のほうが含まれている情報の量が多いと考えるのが自然であるといえる。また，通報 1 が含む情報の量は「4 月 1 日は晴。」という通報と「4 月 2 日は雨。」という通報が含む情報の量の和であるべき，ということも自然な要求といえる。

このようなことを考慮に入れ，情報の量を数学的に表す尺度を考える。現実社会では，例えば，雪に関係するビジネスに従事している者には確率が同じであっても晴の情報よりも雪の情報のほうが価値があることもあり得るがそれを数学的に扱うことは困難なのでここでは無視し，起こる確率によってのみ情報の量が決まるものとする。このことから情報の量の尺度は通報が知らせる事象の確率の関数となり，確率 p に対して $f(p)$ と書ける。（ただし，p は 0 以上 1 以下の実数）上で述べた考察などから，情報の量の尺度として関数 $f(p)$ に自然に求められる性質として以下のものが条件として挙げられる。

1. 確率が小さい事象が起こったという通報のほうが確率が大きいものに対して情報の量が大きい，すなわち $f(p)$ は単調減少関数である。
2. 独立な事象 E_1, E_2 の生起確率をそれぞれ p_1, p_2 とする。E_1, E_2 の両方が起こったことを伝える通報の情報の量は E_1 が起こったことを伝える通報の情報の量と E_2 が起こったことを伝える通報の情報の量の和に等しい。E_1 と E_2 は独立なのでそれら両方が起こる確率は $p_1 \cdot p_2$ であるから

$$f(p_1 \cdot p_2) = f(p_1) + f(p_2)$$

である。
3. 近い確率で起こる事象の通報の情報の量は近い値であるべきであるから，$f(p)$ は連続関数である。

B.2 情報量の定義

前節で述べた三つの条件を満たす関数は

$$f(p) = C \cdot \log \frac{1}{p} \quad (C \text{ は正の定数})$$

のみであること，すなわち情報の量の尺度として求められる自然な要求を満たすためには確率の逆数の対数関数を用いなければならないことを示す。

証明 前節条件 2 より，0 以上 1 以下の実数である x, y について

$$f(x \cdot y) = f(x) + f(y) \tag{B.1}$$

が成り立つ。ここで以下に定義する関数 $g(z)$ を考える。

$$g(z) = f(2^{-z}) \quad (\text{ただし，} z \text{ は 0 以上の実数}) \tag{B.2}$$

前項条件 3 より $f(p)$ が連続関数であるから $g(z)$ も連続関数である。式 (B.2) より，任意の非負数 x, y について

$$g(x+y) = f(2^{-(x+y)})$$

続けて変形してゆくと

$$= f(2^{-x} \cdot 2^{-y})$$

式 (B.1) より

$$= f(2^{-x}) + f(2^{-y})$$

式 (B.2) より

$$= g(x) + g(y)$$

すなわち

$$g(x+y) = g(x) + g(y) \tag{B.3}$$

が成り立つ。

n が正整数のとき，$x \cdot n$ を x を n 回繰り返して和をとったものと考え，式 (B.3) を繰り返し適用することで

$$g(x \cdot n) = n \cdot g(x) \tag{B.4}$$

が成り立つ。

m を非負の整数，n を正の整数とすると式 (B.4) より

$$n \cdot g\left(\frac{m}{n}\right) = g\left(\frac{m}{n} \cdot n\right)$$
$$= g(m)$$
$$= g(1 \cdot m)$$
$$= m \cdot g(1)$$

結局
$$n \cdot g\left(\frac{m}{n}\right) = m \cdot g(1)$$

すなわち
$$g\left(\frac{m}{n}\right) = g(1) \cdot \frac{m}{n}$$

が成り立つ。

m/n は任意の非負の有理数であるから，非負の有理数 q に書き換えることで，非負の有理数 q については

$$g(q) = g(1) \cdot q$$

が成り立つ。任意の非負の有理数についてこれが成り立つため，$g(z)$ が連続関数であることから非負の実数 z について

$$g(z) = g(1) \cdot z$$

であるといえる。

ここで式 (B.2) により関数 $g(z)$ を $f(2^{-z})$ に戻すと

$$f(2^{-z}) = f\left(\frac{1}{2}\right) \cdot z$$

が得られる。$2^{-z} = x$ として変数変換を行うと

$$f(x) = f\left(\frac{1}{2}\right) \cdot \log\left(\frac{1}{x}\right) \quad (x \text{ は } 0 \text{ より大きい } 1 \text{ 以下の実数})$$

となる。$f(0)$ は $x \to 0$ の極限を考えて無限大であると定義する。

$f(1/2)$ は定数であり，前項条件 1 を満たすにはこれが正の数となるようにする必要がある。

結局，事象 E の確率が p であるとき，前項三つの条件をすべて満たす関数は

$$f(p) = C \cdot \log\frac{1}{p} \quad (C \text{ は正の定数})$$

の形であることが必要条件であることがいえた．逆にこの形の関数であれば三つの条件を満たすこともいえる． □

情報量の尺度としては定数係数 C は正の値であればなんでもよいが，特に $C=1$ となるように，すなわち $p=1/2$ のときの情報量が 1 となるように決めた

$$I(E) = \log \frac{1}{p}$$

を情報量の尺度とする場合，情報量の単位をビット[†]（bit）と呼ぶ．

[†] コンピュータが扱うデータの単位のビットとは異なる．

引用・参考文献

1) C. E. Shannon：A Mathematical Theory of Communication, Bell System Technical Journal, **27**, pp.379–423, 623–659 (1948)
2) アブラムソン（著），宮川　洋（訳）：情報理論入門，好学社 (1969)
3) 植松友彦：イラストで学ぶ情報理論の考え方，講談社 (2012)
4) 嵩　忠雄：情報と符号の理論入門（情報工学入門選書 6），昭晃堂 (1989)
5) 楫　勇一：情報・符号理論（OHM 大学テキスト），オーム社 (2013)
6) J. Karush：A Simple Proof of an Inequality of McMillan, IRE Transactions on Information Theory, **7** (2), p.118 (1961)
7) B. McMillan：Two Inequalities Implied by Unique Decipherability, IRE Transactions on Information Theory, **2** (4), pp.115–116 (1956)
8) クライツィグ（著），近藤次郎，堀　素夫（監訳），田栗正章（訳）：確率と統計（技術者のための高等数学 6）（原書第 5 版），培風館 (1988)

章末問題解答

1章

【1.1】 C_1 は固定長符号なので符号語長の期待値は 2. 可変長符号の C_2 の符号語長の期待値は

$$a \cdot 1 + \frac{1}{4} \cdot 2 + \frac{1}{4} \cdot 3 + \left(\frac{1}{2} - a\right) \cdot 4 = \frac{13}{4} - 3a$$

これが 2 以下となる条件であるから

$$\frac{5}{12} \leq a$$

問題で与えられている a の範囲とから

$$\frac{5}{12} \leq a \leq \frac{1}{2}$$

【1.2】 符号語長が最長のものが 2 の場合,最も多くの情報源シンボルを区別できるのはすべての符号語長が 2 の場合である。しかしその長さの符号語は 00, 01, 10, 11 の 4 種類しかないためどれかの天気に同じ符号対応させなければならず,使いものにならない符号しか作れない。最長のものが 3 の場合は,例えば,000, 001, 010, 011, 100 を使って 5 種類を区別できる。よって下限は 3 である。

2章

【2.1】 (1), (4)

【2.2】 (1)　瞬時に復号可能な符号は C_1, C_4

(2)　一意に復号可能な符号は C_1, C_2, C_4

【2.3】 一意に復号可能であれば狭義に特異でない。また固定長符号であるから符号シンボル系列の区切りが一意に決まる。命題 2.1 より一意に復号可能である。

3章

【3.1】 (1)　クラフトの不等式

$$2 \cdot \left(\frac{1}{2}\right)^2 + 8 \cdot \left(\frac{1}{2}\right)^l \leq 1$$

より

$$l \geq 4$$

(2) クラフトの不等式

$$\left(\frac{1}{2}\right) + \left(\frac{1}{2}\right)^2 + \left(\frac{1}{2}\right)^3 + 7 \cdot \left(\frac{1}{2}\right)^{l'} \leq 1$$

より

$$l' \geq 6$$

【3.2】 (1) 真：瞬時に復号可能な符号が存在すると仮定すると，瞬時に復号可能な符号は一意に復号可能であるので一意に復号可能な符号が存在することになるから（または下の問と同じ理由）．

(2) 真：定理 3.1 より瞬時に復号可能が存在するための符号語長並びの必要十分条件は一意に復号可能な符号に対するものと同一だから．

(3) 偽：反例として，$S = \{s_1, s_2\}$ に対する符号語がそれぞれ $1, 1$ である符号を挙げる．この符号は一意に復号可能でないが，符号語長並び $(1, 1)$ は

$$2\left(\frac{1}{2}\right)^1 \leq 1$$

よりクラフトの不等式を満たすため，定理 3.1 よりこの符号語長並びの瞬時に復号可能な符号が存在する．実際に $S = \{s_1, s_2\}$ に対する符号語がそれぞれ $0, 1$ という符号は同じ符号語長並びの瞬時に復号可能な符号の例である．

(4) 偽：(3) の問の反例が瞬時に復号可能でもないためこの問題の反例にもなっている．

4章

【4.1】 (1) 縮約の過程と符号語の割り当ての一例を**解図 4.1** に示す．

(2) 平均符号語長は

$$L = 0.4 \cdot 1 + 0.2 \cdot 3 + 0.15 \cdot 3 + 0.13 \cdot 3 + 0.07 \cdot 4 + 0.05 \cdot 4$$
$$= 2.32$$

である．

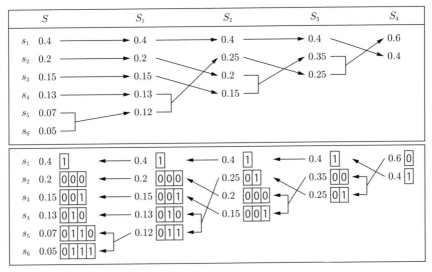

解図 4.1 縮約と符号語の割り当て例

(3) 等長符号では 3 ビット必要だから

$$\frac{3 - 2.32}{3} \times 100 = 22.67\%$$

削減できる。

【4.2】 $(1 \leqq i < q)$ について s_i よりあとの順番のシンボルの生起確率は条件より

$$P_{i+1} \leqq \frac{1}{2} P_i, P_{i+2} \leqq \frac{1}{4} P_i, \ldots, P_q \leqq \left(\frac{1}{2}\right)^{q-i} P_i$$

が順にいえる。一般に i より後の番号 j $(i+1 \leqq j \leqq q)$ について

$$P_j \leqq \left(\frac{1}{2}\right)^{j-i} P_i \tag{1}$$

が成り立つ。
s_i より後の添字のシンボルすべての生起確率の和

$$\sum_{j=i+1}^{q} P_j$$

は，式 (1) より

$$\leqq \sum_{j=i+1}^{q} \left(\frac{1}{2}\right)^{j-i} P_i$$

これは等比級数の和であるから

$$= \left(1 - \left(\frac{1}{2}\right)^{q-i}\right) P_i$$

となる．すなわち s_i より番号が後のシンボルすべての生起確率の和は s_i の生起確率より小さいことがいえる．これにより，ハフマンの符号化の第1ステップの縮約ではつねに番号が最後の二つのシンボルが合成されることがいえる．このときの符号木の形は**解図 4.2** のようになる．この形で葉の数が q 個であれば最大の符号語長は $q-1$ である．

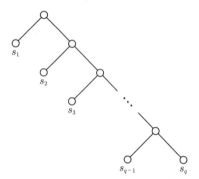

解図 4.2　問題に対応する木の形

5章

【5.1】 (1) $H(S) = 0.8 \log\left(\frac{1}{0.8}\right) + 0.2 \log\left(\frac{1}{0.2}\right)$
$= 0.72$

(2) コンパクト符号の例は $X_1 = 0$, $X_2 = 1$，平均符号語長は 1 となる．

(3) $P(\sigma_1) = 0.8 \cdot 0.8 = 0.64$

$P(\sigma_2) = 0.8 \cdot 0.2 = 0.16$

$P(\sigma_3) = 0.2 \cdot 0.8 = 0.16$

$P(\sigma_4) = 0.2 \cdot 0.2 = 0.04$

(4) ハフマンの符号化を行って，例えば，**解表 5.1** のコンパクト符号を得る．S の 2 次拡大情報源 S^2 の平均符号語長は

$$L_2 = 0.64 \cdot 1 + 0.16 \cdot 2 + 0.16 \cdot 3 + 0.04 \cdot 3$$
$$= 1.56$$

解表 5.1 コンパクト符号の例

拡大情報源シンボル	符号語
σ_1	0
σ_2	11
σ_3	100
σ_4	101

(5) $\dfrac{L_2}{2} = 0.78$

【5.2】 (1) $P(s'_1) = a^2$

$P(s'_2) = a(1-a) + (1-a)a$
$= -2a^2 + 2a$

$P(s'_3) = (1-a)^2$
$= a^2 - 2a + 1$

(2) 符号語長 2 の固定長符号なので

$L_{C_1} = 2$

(3) $L_{C_2} = a^2 + 3(-2a^2 + 2a) + 5(a^2 - 2a + 1)$
$= -4a + 5$

(4) 満たすべき条件は

$5 - 4a < 2$
$\dfrac{3}{4} < a$

a は s_1 の生起確率だから $0 \leqq a \leqq 1$, これとあわせて

$\dfrac{3}{4} < a \leqq 1$

(5) $a = 1/4$ のとき

$P(s'_1) = \dfrac{1}{16}$
$P(s'_2) = \dfrac{3}{8}$
$P(s'_3) = \dfrac{9}{16}$

だから

$I(s'_1) = \log \dfrac{16}{1} = 4$

$$I(s'_2) = \log \frac{8}{3} = 1.42$$
$$I(s'_3) = \log \frac{16}{9} = 0.83$$

(6) $H(S') = \frac{1}{16}I(s'_1) + \frac{3}{8}I(s'_2) + \frac{9}{16}I(s'_3)$
$= 1.25$

【5.3】拡大前の元の情報源を S とし,そのコンパクト符号を C, 平均符号語長を L とする。S を 2 次拡大した情報源 S^2 の各情報源シンボルは S の情報源シンボル 2 個の並びに一対一に対応している。符号 C での情報源シンボル 2 個に対応する符号語を連接したものを符号語に割り当てる S^2 の符号 C^2 を構成する。C は一意に復号可能であるから C^2 は S^2 に対する一意に復号可能な符号である。C^2 の平均符号語長は $2L$ なのでコンパクト符号の平均符号語長は $2L$ 以下である。すなわち S^2 のコンパクト符号の平均符号語長を 2 で割ったものは S のコンパクト符号の平均符号語長 L 以下である。

索引

【い】
一意に復号可能　　　　　　17
一意に復号可能な符号　　　46

【え】
エントロピー　　　　　　　67

【お】
親　　　　　　　　　　　　51

【か】
確率変数　　　　　　　　　 2
仮　定　　　　　　　　　　92
可変長符号　　　　　　　　 8

【き】
期待値　　　　　　　　　　89
狭義に特異　　　　　　　　16

【く】
クラフトの不等式　　　　　28

【け】
系　列　　　　　　　　　　16
結　論　　　　　　　　　　93

【こ】
子　　　　　　　　　　　　51
固定長符号　　　　　　　　 8
語　頭　　　　　　　　　　23
語頭条件　　　　　　　22, 23
コンパクト符号　　　　　　45
根本が十分条件　　　　　　92
コンマ符号　　　　　　　　20

【さ】
先が必要条件　　　　　　　92

【し】
事象の情報量　　　　　　　82
写　像　　　　　　　　　　87
十　分　　　　　　　　　　92
十分条件　　　　　　　　　92
縮　約　　　　　　　　　　46
瞬時に復号可能　　　　　　22
情報源　　　　　　　　　　12
　──の n 次拡大　　　　71
情報源シンボル　　　　　　12
情報源符号化定理　　　　　80
情報量　　　　　　　　　　82
情報理論　　　　　　　　　 1

【た】
単　写　　　　　　　　　　88

【て】
定　義　　　　　　　　92, 93

【な】
内部節点　　　　　　　　　51

【に】
2 元系列　　　　　　　　　14
2 元ブロック符号　　　　　14
2 分木　　　　　　　　　　51

【ね】
根　　　　　　　　　　　　51

【は】
葉　　　　　　　　　　　　51
ハフマンの符号化　　　　　46

【ひ】
ビット　　　　　　　　　 103
必　要　　　　　　　　　　92
必要十分条件　　　　　　　93
必要条件　　　　　　　　　92

【ふ】
復　号　　　　　　　　　　 6
符　号　　　　　　　　　　 6
符号化　　　　　　　　　　 6
符号木　　　　　　　　　　52
符号語　　　　　　　　 6, 14
符号語長　　　　　　　　　 6
符号語長並び　　　　　　　32
符号語長分布　　　　　　　34
符号シンボル　　　　　　　14
符号表　　　　　　　　　　 6

【へ】
平均符号語長　　　　　　　44

【む】
無記憶情報源　　　　　　　13

【り】
離散確率過程　　　　　　　 2

【れ】
レベル　　　　　　　　　　54

―― 著 者 略 歴 ――

1991年　大阪大学基礎工学部情報工学科卒業
1993年　大阪大学大学院基礎工学研究科博士前期課程修了（物理系情報工学分野）
1996年　大阪大学大学院基礎工学研究科博士後期課程修了（物理系情報工学分野）
　　　　博士（工学）
1996年　大阪大学助手
2000年　東海大学講師
2004年　東海大学助教授
2007年　東海大学准教授
　　　　現在に至る

情報量 ─ 情報理論への招待 ─
Information Entropy
── An Introduction to Information Theory ──　　　　　Ⓒ Hiroshi Yamamoto 2019

2019 年 3 月 1 日　初版第 1 刷発行　　　　　　　　　　　　　　★

検印省略	著　者　　山　本　　　宙	
	発 行 者　　株式会社　コロナ社	
	代 表 者　牛来真也	
	印 刷 所　　三美印刷株式会社	
	製 本 所　　有限会社　愛千製本所	

112–0011　東京都文京区千石 4–46–10
発 行 所　株式会社　コロナ社
CORONA PUBLISHING CO., LTD.
Tokyo Japan
振替 00140-8-14844・電話(03)3941-3131(代)
ホームページ　http://www.coronasha.co.jp

ISBN 978-4-339-02890-4　C3055　Printed in Japan　　　　　（松岡）

JCOPY　<出版者著作権管理機構 委託出版物>
本書の無断複製は著作権法上での例外を除き禁じられています。複製される場合は，そのつど事前に，出版者著作権管理機構（電話 03-5244-5088，FAX 03-5244-5089，e-mail: info@jcopy.or.jp）の許諾を得てください。

本書のコピー，スキャン，デジタル化等の無断複製・転載は著作権法上での例外を除き禁じられています。購入者以外の第三者による本書の電子データ化及び電子書籍化は，いかなる場合も認めていません。
落丁・乱丁はお取替えいたします。

コンピュータサイエンス教科書シリーズ

(各巻A5判)

■編集委員長　曽和将容
■編集委員　　岩田　彰・富田悦次

配本順				頁	本体
1.	(8回)	情報リテラシー	立花康夫／曽春日秀／将容雄 共著	234	2800円
2.	(15回)	データ構造とアルゴリズム	伊藤大雄 著	228	2800円
4.	(7回)	プログラミング言語論	大山口通夫／五味弘 共著	238	2900円
5.	(14回)	論理回路	曽和範将公容可 共著	174	2500円
6.	(1回)	コンピュータアーキテクチャ	曽和将容 著	232	2800円
7.	(9回)	オペレーティングシステム	大澤範高 著	240	2900円
8.	(3回)	コンパイラ	中田育男 監修／中井央 著	206	2500円
10.	(13回)	インターネット	加藤聰彦 著	240	3000円
11.	(4回)	ディジタル通信	岩波保則 著	232	2800円
12.	(16回)	人工知能原理	加納政芳／山田雅之／遠藤守 共著	232	2900円
13.	(10回)	ディジタルシグナルプロセッシング	岩田彰 編著	190	2500円
15.	(2回)	離散数学 —CD-ROM付—	牛島和夫／相廣利雄／朝民一 編著 共著	224	3000円
16.	(5回)	計算論	小林孝次郎 著	214	2600円
18.	(11回)	数理論理学	古川康一／向井国昭 共著	234	2800円
19.	(6回)	数理計画法	加藤直樹 著	232	2800円
20.	(12回)	数値計算	加古孝 著	188	2400円

以下続刊

3.	形式言語とオートマトン	町田元 著		9.	ヒューマンコンピュータインタラクション	田野俊一／高野健太郎 共著
14.	情報代数と符号理論	山口和彦 著		17.	確率論と情報理論	川端勉 著

定価は本体価格＋税です。
定価は変更されることがありますのでご了承下さい。

図書目録進呈◆

電子情報通信レクチャーシリーズ

■電子情報通信学会編　　（各巻B5判）

共通

番号	配本順	書名	著者	頁	本体
A-1	（第30回）	電子情報通信と産業	西村吉雄著	272	4700円
A-2	（第14回）	電子情報通信技術史 —おもに日本を中心としたマイルストーン—	「技術と歴史」研究会編	276	4700円
A-3	（第26回）	情報社会・セキュリティ・倫理	辻井重男著	172	3000円
A-4		メディアと人間	原島博／北川高嗣共著		
A-5	（第6回）	情報リテラシーとプレゼンテーション	青木由直著	216	3400円
A-6	（第29回）	コンピュータの基礎	村岡洋一著	160	2800円
A-7	（第19回）	情報通信ネットワーク	水澤純一著	192	3000円
A-8		マイクロエレクトロニクス	亀山充隆著		
A-9		電子物性とデバイス	益一哉／天川修平共著		

基礎

番号	配本順	書名	著者	頁	本体
B-1		電気電子基礎数学	大石進一著		
B-2		基礎電気回路	篠田庄司著		
B-3		信号とシステム	荒川薫著		
B-5	（第33回）	論理回路	安浦寛人著	140	2400円
B-6	（第9回）	オートマトン・言語と計算理論	岩間一雄著	186	3000円
B-7		コンピュータプログラミング	富樫敦著		
B-8	（第35回）	データ構造とアルゴリズム	岩沼宏治他著	208	3300円
B-9		ネットワーク工学	仙田正和／石村裕／中野敬介共著		
B-10	（第1回）	電磁気学	後藤尚久著	186	2900円
B-11	（第20回）	基礎電子物性工学 —量子力学の基本と応用—	阿部正紀著	154	2700円
B-12	（第4回）	波動解析基礎	小柴正則著	162	2600円
B-13	（第2回）	電磁気計測	岩﨑俊著	182	2900円

基盤

番号	配本順	書名	著者	頁	本体
C-1	（第13回）	情報・符号・暗号の理論	今井秀樹著	220	3500円
C-2		ディジタル信号処理	西原明法著		
C-3	（第25回）	電子回路	関根慶太郎著	190	3300円
C-4	（第21回）	数理計画法	山下信雄／福島雅夫共著	192	3000円
C-5		通信システム工学	三木哲也著		
C-6	（第17回）	インターネット工学	後藤滋樹／外山勝保共著	162	2800円
C-7	（第3回）	画像・メディア工学	吹抜敬彦著	182	2900円

	配本順			頁	本体
C-8	(第32回)	音声・言語処理	広瀬啓吉著	140	2400円
C-9	(第11回)	コンピュータアーキテクチャ	坂井修一著	158	2700円
C-10		オペレーティングシステム			
C-11		ソフトウェア基礎			
C-12		データベース			
C-13	(第31回)	集積回路設計	浅田邦博著	208	3600円
C-14	(第27回)	電子デバイス	和保孝夫著	198	3200円
C-15	(第8回)	光・電磁波工学	鹿子嶋憲一著	200	3300円
C-16	(第28回)	電子物性工学	奥村次徳著	160	2800円

展開

	配本順			頁	本体
D-1		量子情報工学			
D-2		複雑性科学			
D-3	(第22回)	非線形理論	香田徹著	208	3600円
D-4		ソフトコンピューティング			
D-5	(第23回)	モバイルコミュニケーション	中川正雄・大槻知明共著	176	3000円
D-6		モバイルコンピューティング			
D-7		データ圧縮	谷本正幸著		
D-8	(第12回)	現代暗号の基礎数理	黒澤馨・尾形わかは共著	198	3100円
D-10		ヒューマンインタフェース			
D-11	(第18回)	結像光学の基礎	本田捷夫著	174	3000円
D-12		コンピュータグラフィックス			
D-13		自然言語処理			
D-14	(第5回)	並列分散処理	谷口秀夫著	148	2300円
D-15		電波システム工学	唐沢好男・藤井威生共著		
D-16		電磁環境工学	徳田正満著		
D-17	(第16回)	VLSI工学 ―基礎・設計編―	岩田穆著	182	3100円
D-18	(第10回)	超高速エレクトロニクス	中村友二・島友義共著	158	2600円
D-19		量子効果エレクトロニクス	荒川泰彦著		
D-20		先端光エレクトロニクス			
D-21		先端マイクロエレクトロニクス			
D-22		ゲノム情報処理			
D-23	(第24回)	バイオ情報学 ―パーソナルゲノム解析から生体シミュレーションまで―	小長谷明彦著	172	3000円
D-24	(第7回)	脳工学	武田常広著	240	3800円
D-25	(第34回)	福祉工学の基礎	伊福部達著	236	4100円
D-26		医用工学			
D-27	(第15回)	VLSI工学 ―製造プロセス編―	角南英夫著	204	3300円

定価は本体価格+税です。
定価は変更されることがありますのでご了承下さい。

図書目録進呈◆

自然言語処理シリーズ

(各巻A5判)

■監修　奥村　学

配本順			頁	本体
1.（2回）	言語処理のための機械学習入門	高村大也著	224	2800円
2.（1回）	質問応答システム	磯崎・東中 永田・加藤 共著	254	3200円
3.	情報抽出	関根聡著		
4.（4回）	機械翻訳	渡辺・今村 賀沢・Graham 中澤 共著	328	4200円
5.（3回）	特許情報処理：言語処理的アプローチ	藤井・谷川 岩山・難波 山本・内山 共著	240	3000円
6.	Web言語処理	奥村学著		
7.（5回）	対話システム	中野・駒谷 船越・中野 共著	296	3700円
8.（6回）	トピックモデルによる統計的潜在意味解析	佐藤一誠著	272	3500円
9.（8回）	構文解析	鶴岡慶雅 宮尾祐介 共著	186	2400円
10.（7回）	文脈解析 ―述語項構造・照応・談話構造の解析―	笹野遼平 飯田龍 共著	196	2500円
11.（10回）	語学学習支援のための言語処理	永田亮著	222	2900円
12.（9回）	医療言語処理	荒牧英治著	182	2400円
13.	言語処理のための深層学習入門	渡邉・渡辺 進藤・吉野 小田 共著		

定価は本体価格+税です。
定価は変更されることがありますのでご了承下さい。

図書目録進呈◆

情報ネットワーク科学シリーズ

(各巻A5判)

コロナ社創立90周年記念出版 〔創立1927年〕

■電子情報通信学会 監修
■編集委員長　村田正幸
■編 集 委 員　会田雅樹・成瀬　誠・長谷川幹雄

本シリーズは，従来の情報ネットワーク分野における学術基盤では取り扱うことが困難な諸問題，すなわち，大量で多様な端末の収容，ネットワークの大規模化・多様化・複雑化・モバイル化・仮想化，省エネルギーに代表される環境調和性能を含めた物理世界とネットワーク世界の調和，安全性・信頼性の確保などの問題を克服し，今後の情報ネットワークのますますの発展を支えるための学術基盤としての「情報ネットワーク科学」の体系化を目指すものである．

シリーズ構成

配本順		著者	頁	本体
1.(1回)	情報ネットワーク科学入門	村田 正幸 編著 成瀬　誠	230	3000円
2.(4回)	情報ネットワークの数理と最適化 ―性能や信頼性を高めるためのデータ構造とアルゴリズム―	巳波 弘佳 共著 井上　武	200	2600円
3.(2回)	情報ネットワークの分散制御と階層構造	会田 雅樹 著	230	3000円
4.(5回)	ネットワーク・カオス ―非線形ダイナミクス，複雑系と情報ネットワーク―	中尾 裕也 長谷川 幹雄 共著 合原 一幸	262	3400円
5.(3回)	生命のしくみに学ぶ 情報ネットワーク設計・制御	若宮 直紀 共著 荒川 伸一	166	2200円

定価は本体価格+税です．
定価は変更されることがありますのでご了承下さい．

図書目録進呈◆

シリーズ 情報科学における確率モデル

(各巻A5判)

- ■編集委員長　土肥　正
- ■編集委員　栗田多喜夫・岡村寛之

	配本順			頁	本体
1	(1回)	統計的パターン認識と判別分析	栗田多喜夫／日高章理 共著	236	3400円
2	(2回)	ボルツマンマシン	恐神貴行著	220	3200円
3		捜索理論における確率モデル	宝崎隆祐／飯田耕司 共著		近刊
4		マルコフ決定過程 ―理論とアルゴリズム―	中出康一著		近刊
5		エントロピーの幾何学	田中勝著		近刊
6		確率システムにおける制御理論	向谷博明著		近刊
		システム信頼性の数理	大鑄史男著		
		マルコフ連鎖と計算アルゴリズム	岡村寛之著		
		確率モデルによる性能評価	笠原正治著		
		ソフトウェア信頼性のための統計モデリング	土肥正／岡村寛之 共著		
		ファジィ確率モデル	片桐英樹著		
		高次元データの科学	酒井智弥著		
		リーマン後の金融工学	木島正明著		

定価は本体価格+税です。
定価は変更されることがありますのでご了承下さい。

図書目録進呈◆